做一个高情商的女子

篱落◎主编

黑龙江科学技术出版社
HEILONGJIANG SCIENCE AND TECHNOLOGY PRESS

图书在版编目（CIP）数据

做一个高情商的女子 / 篱落主编. -- 哈尔滨：黑龙江科学技术出版社, 2020.5
ISBN 978-7-5719-0381-7

Ⅰ. ①做… Ⅱ. ①篱… Ⅲ. ①女性 – 情商 – 通俗读物
Ⅳ. ①B842.6-49

中国版本图书馆CIP数据核字(2020)第018233号

做一个高情商的女子
ZUO YIGE GAO QINGSHANG DE NÜZI

作　　者　篱　落
策划编辑　沈福威
责任编辑　常　虹
封面设计　吕佳奇
出　　版　黑龙江科学技术出版社
地　　址　哈尔滨市南岗区公安街70-2号
邮　　编　150007
电　　话　（0451）53642106
传　　真　（0451）53642143
网　　址　www.lkcbs.cn
发　　行　全国新华书店
印　　刷　三河市越阳印务有限公司
开　　本　880 mm × 1230 mm　1/32
印　　张　6
字　　数　150千字
版　　次　2020年5月第1版
印　　次　2020年5月第1次印刷
书　　号　978-7-5719-0381-7
定　　价　36.80元

前言
Preface

人有十商，包括德商（MQ）、智商（IQ）、情商（EQ）、逆商（AQ）等，不同的商数在人的成长过程中起着不同的作用，它们共同推动着一个人的成功。其中，情商是一个人走向成功与幸福的关键因素，它关乎个人处理情绪及人际关系的能力。

近年来，情商越来越被人重视，这个词也不断地出现在人们的生活中。职场中有职场的情商，恋爱中有恋爱的情商，家庭中有家庭的情商……情商与人的生活密切相关。人们对于情商的要求在慢慢提高，在不同的场合，我们都会听到类似的话：

“这个人情商也太低了吧！”

“情商这么低，一辈子都别想混上去了。”

“哇，她情商好高啊！”

“难怪人缘这么好，情商是真的超高！”

“情商这么高，做她的朋友一定很幸福吧！”

…………

从人们日常的话语中，我们能感受到情商低的人往往使人颇为不屑，情商高的人则让人从内心油然而生一种敬佩感，人们往往偏爱情商高的人。

的确，情商的高低直接影响着自身和周边人的感受。有时候，判断一个人情商的高低并不需要长期的相处，从他的言行就能有所了解。

我们不妨来看两个常见的片段：

同样是请客，A 的表达是："我买了点儿吃的放在茶水间，想吃的话自己去拿啊。"而 B 的表达是："最近大家工作都辛苦了，我买了点儿水果来为各位战斗英雄补充维生素，续点儿能量，走过路过茶水间的千万别错过哦！"一个是高高在上的语气，一个是一种有温度的亲切感，即使出发点都是一样的，不同的表达就有不同的效果。

同样是批评工作，A 的表达是："昨天你的文件里有多个错误，出来工作多久了，还会出现这样的纰漏，我不管你发烧感冒还是怎么样，错了就是没有理由。"B 的表达是："昨天你的文件里有些错误，我已经把它们标注出来了。身体不舒服尽快调整好，我们这个团队很需要你，也相信你的工作能力。"这两种表达方式会导致主动和被动工作的心态，工作中的严格固然没错，并不需要强硬的语言来体现。

情商高低，立见高下；情商高低的效果，立见高下。

情商的高低由遗传决定的部分非常小，多数是由后天培养而成。

当人们认识到情商的重要性，就会有意识地想要提升。那些情商高的人经常被人问及，“怎么样才能有你这么高的情商呢？”在许多的答案中，有一个普遍性的回答——心中有人。如果你能站在对方的立场想问题，你就有了控制自我情绪的意识，你所说的话和所做的事自然能显示出高情商，这，是最核心的元素。

大学同学聚会的时候，大家都有十多年没有见面了，自然侃侃而谈那些回忆和这些年的经历。小枫是大三那年专升本到我们班的，在班上并没有很熟悉的朋友，很多的话题都插不进来，而且情感上也很难达到共鸣，只能安静地坐在一旁听。没过一会儿，班长就提议了一个“击鼓传花”的游戏，话筒传到谁那里，敲杯子的声音停了，谁就唱一首歌。没想到，这声音“正好”在小枫那里停了。

一曲下来，小枫完美地成为了全场关注的焦点，脸上的笑容也不自觉地绽放出来。有人更是把小枫在毕业晚会上的风采重新提了起来，我想这个，班长是记得的。聚会临近结束时，小枫特意给班长敬了一杯酒，这份情，两人都心照不宣。

你看，心中有人，就能感同身受，适时地缓解他人的尴尬，让彼此都舒服。

有时，哪怕就是请别人帮忙的时候，用上一句“方便吗”“可以吗”；赞美他人的时候，夸到具体的细节；在表达谢意的时候，加上一个亲切的“你”；在和对方聊天的时候，试试多用“你呢”“你觉得呢”；在否定他人的时候，先学会肯定，再来表达自己的想法……这些小小的举措都会让人舒服很多。

当然，为对方考虑并不代表着一味地讨好和无限度地接受。高情商的人有着自身的底线，明白什么该做，什么不该做，在有智慧的拒绝中为彼此省去麻烦。

“智商决定你的下限，情商决定你的上限”，不论何时都不晚，让你的情商不断地提升，为你抵达人生的高峰而无限助力。或许不是为了成功，就算是寻找你心中的那份幸福感以及给他人带来一种舒服和快乐，你也应走在提升情商的路上。

目录 *Contents*

Chapter 4 职场情商：女性的最佳竞争力

Chapter 5 恋爱情商：让女人幸福的秘诀

Chapter 1

情商是女人的一门必修课

如果真正理解“情商”的概念，会发现它包含着一个重要的标准：识别自己的情绪。但我们几乎都是拿一个人是否让别人舒服来作为情商的评判标准。实际上，判断一个人情商的高低，不仅在于如何对待别人，也在于如何对待自己。

与人交往，是一门大学问

大千世界里，每个人都会和不同的人相遇，有人是萍水相逢，有人是点头之交，有人是携手前行，有人是生死与共。人和人的相遇是一种缘分，而人与人交往的方式及愉悦程度往往决定了缘分的长短。

与人交往，不是简单的互动，它是一门学问，也是一种艺术。

蕾儿和逊儿是圈里公认的铁闺蜜，两人关系好到能穿同一条裤子，一同上班、健身、做饭、打游戏……蕾儿没地儿住的时候，逊儿把自家的房子腾出一间随她住，有时就睡同一张床，能通宵聊天。逊儿受委屈的时候，蕾儿永远都是那个站出来出头的。没有人敢在蕾儿面前讲逊儿的不对，也不会有人在逊儿面前说蕾儿的不好。在这个利益相交的工作圈里，能有这样的同事友谊实属令人羡慕。

某段时间，蕾儿和逊儿居然见面不讲话了，朋友圈里也没有了互动。起初，没有人敢问发生了什么，大家以为两人只是闹闹女孩子间的情绪。可一个月过去了，还是老死不相往来的状态。有人在蕾儿另一个闺蜜那里探听到，原来逊儿趁蕾儿不在的时候，翻看了她的手机，结果被蕾儿知道了。逊儿认为不是什么大事，可这已经触犯到了蕾儿的底线。两人大吵一架之后，直到现在依然是冷战。

不管是朋友还是家人，两人感情亲近的时候就如同一个人，可一旦闹翻就是覆水难收。有些原则性的事，即使关系再亲近，也不宜触碰，否则就是越雷区。越是关系密切，越容易随心而为，可关系再好，彼此也是独立的，也应有度。

有些朋友仗着关系好，就丝毫不知分寸。曾经问过几个朋友，有没有因为朋友无心的玩笑而想要绝交，就有人吐槽：最讨厌有些人仗着关系好拿那些伤心事和家里人开玩笑，其实一点儿也不好笑，像什么“没关系，你都这么胖了，再吃一点儿也看不出来”“你知道吗？她以前有个绰号是‘绝缘体’，完全没异性缘”“她老公和她一样，都是这智商”……虽然不会和伤人者当场绝交，也不会戳破对方，但心里难免会有疙瘩，这样说话不注意的次数多了，和对方的距离自然就远了。关系再好，言语里没有尊重，就会有隔阂，越是关系好，越应懂得珍惜！

朋友新入了一个书友群，周末的时候定期会有活动。她和其中的一个书友在网上有过一些互动，在阅读上很有共同话题。线下见面的时候，彼此的第一印象还算不错。然而聊着聊着，朋友就没有继续下去的想法了。对方不是问朋友的家庭情况，就是问她有过怎样的感情经历。这又不是相亲，问这些有必要吗？后来，书友多次约朋友外出活动，朋友都没有答应，就连聊天也没有热情了。

很多人应该都有这样的经历，当一个交情尚浅的人不停地打探你的隐私的时候，你内心都会不自觉地有一种抵触情绪，尤其是初次认识的人有这样的行为就越发让你有警惕心。也许有些人打听是出于一种找话题的需要，或者是想进一步走进对方的生活，但是探听隐私只会引起对方的反感。有些人在初次见面的时候，就毫无保留地把自己的家事、人生故事一股脑儿地吐出来，这样的人也不一定招人喜欢。陌生人之间，说话留几分才是分寸感。有分寸感，才会给对方舒服感。

年轻的时候，以为与人交往就是毫无保留地袒露，这样才会让人感觉到真诚，也希望对方怀有同样的期待。随着年龄的增长，发现每个人都有权利保留一个属于自己的空间，接受这个空间的存在是对彼此最好的尊重。不要试图去探听对方不想说的秘密，也不要把自身的秘密袒露人前，这是一种自我保护。

年轻的时候，以为只要怀着一颗善良的心和人交往，就能得到他人同样的心。随着年龄的增长，发现不是每个人都怀着同样的善良。若是你一味地忍受，没有限度地接受，别人只会踩在你头上得寸进尺，且毫不怜惜。只有以善良为底线，坚守你为人处世的原则，对方才会怀着敬意和你交往，让这段关系处于对等。

人性是最为复杂的东西，有人憨厚老实，有人面善心狠，有人圆滑世故，和不同的人交往有不同的方式。总之，与人交往就是一把尺，尺度由你衡量。古语有云“君子之交淡如水，小人之交甘若醴”，只要你有一颗平静的心，你会在时间的考验中品出和人交往的应有的味道，留住最真最纯的情。

究竟什么是情商

不少人听到“情商”二字，首先想到的就是那些左右逢源、善于揣摩人心、能言善辩、在不同的场合都能应付自如的外向开朗的人。其实，这多少对情商有一定的误解。所谓的情商，一般包括自我意识、控制情绪、自我激励、认知他人情绪、处理相互关系五个方面，它和性格的内向、外向并没有多少关系。情商最基本的体现就是情绪掌控的能力。高情商的人控制情绪，低情商的人被情绪控制。

表姐前段时间开除了公司的一个员工，并不是她的工作能力不行，而是情商太低。公司的大小事情，只要让她不顺意，她就时不时地向同事抱怨："怎么老是要加班""我都已经尽力在做了，领导居然还不满意""你不觉得某领导的水平也很一般吗""这个事情怎么这么处理""我听说别的公司……"这些就是她工作中的常用语。虽然事情依然在做，也做得不比其他人差，但这些言论在一定程度上影响了其他员工的状态，这样情绪不稳定的员工是一种负能量。

而且，她和同事的关系也处得很一般。比如，她到传达室拿个东西，就算是同一办公室同事的物品也在，她都不会顺手带回去；同事有什么事需要她出手，要是和自己的那部分工作没有关系，就随便敷衍一下了事。最重要的是，她在这个同事面前刚说完那个同事的不是，转身又能在另一个同事面前说这个同事的不是。

这样的人能力再突出，也不会受领导的青睐，更不会有好人缘。如果你在生活中是这样一个爱抱怨、容易陷入自我情绪的人，那你的情商也有待提高。高情商的人懂得把负能量转化为正能量，将积极的一面呈现出来，不会因小事而心生怨言或随意发脾气，也不会在背后议论他人。他们身上体现的是一种平和，一种情绪的稳定，一种在自我节奏里的不慌不忙，一种对他人生活方式的接纳。

前几天，我打了一辆的士到闺蜜家楼下接她，结果她家小孩闹情绪把她给绊住了。司机在楼下等了几分钟就有些不耐烦了，开始念念叨叨。闺蜜上车之后，司机原本想责备几句，没想到闺蜜满脸笑意地对司机连连道歉："真的非常抱歉，耽误您宝贵的时间了，家里孩子太不省心了，您也一起受连累。"司机的臭脸立刻就变得和颜悦色起来："我们家小孩有时候也不省心……"

情商高，就是能在恰当的场合表达出恰当的态度，让对方感觉到舒服。错了就认错，缺点被指出来就虚心接受，取得成就就保持谦卑心，这样的适宜感就是情商。

正如林志玲是娱乐圈公认的高情商人物一样，陆姐是我们这个圈子公认的高情商人物。身边的人都能说出几件关于她高情商的事。

某次，同事们到老领导家做客，本以为是很随意的家常饭，露露就没买什么东西。在老领导家门口正好遇到陆姐提着一些物品，露露忽然觉得有些尴尬。陆姐顺手把东西递给露露让她提进去，很自然地说："我和你一起买了点儿东西……"

小芮说，有一次参加酒会，身边的人善意地提醒她裙子的拉链坏了，只有陆姐把披在身上的小西装给她穿上了，那一刻，她真的是暖到了心里。

后来，她还有一次和陆姐私下打交道的经历，是陪陆姐参与一个项目的洽谈。两人在酒店奋战了几天才最终定稿，由陆姐汇报。结束之后，周围的人纷纷恭维着陆姐的创意和才华，陆姐把小芮拉到身边，告诉大家这个项目的很多劳动成果都出自她，这样的年轻人是公司的未来，而自己不过是借鉴团队的智慧。

试问这样时时刻刻为员工着想的领导，怎么会不收服人心呢？

有人说，“文化是植根于内心的素养，是无须提醒的自觉，是以约束为前提的自由，是为别人着想的善良”，真正的高情商也是这般吧！

为什么情商比智商更重要

哈佛大学的一位心理学教授曾经提出，一个人成功，其情商占了80%，智商仅占20%，后来渐渐发展成为情商和智商之间的“二八定律”。这项数据也许并不是科学的论断，但足以看出情商对一个人的重要性。

可情商，是真的比智商更重要吗？

一般而言，智商是指人的思维能力和分析能力等，它更偏向于理性；而情商往往指的是人的自我情绪调控力、人际关系处理能力等，它更偏向于人的情感。

叶子和桃子是一对姐妹，叶子是姐姐，桃子是妹妹。小时候，她俩的家庭条件不是很好。作为姐姐，叶子主动扛起家里的一些责任，不仅是做家务活，当父母不在家的时候，家里的大小事都由叶子来处理。叶子小小年纪就懂得人情世故，可就在学习上分了心，最终只考上个中专。桃子不一样，家里把希望都寄托在她身上，对其百般宠爱，她的主要任务就是学习。桃子也确实比姐姐在学习上更有天赋，一直以来都是班上的前几名，从重点大学毕业之后被分配到国企。

如今，叶子月薪 4000 多元，而桃子月薪 1 万多元。按世俗的标准，桃子比叶子可有出息得多。可家乡人都喜欢和叶子打交道，对桃子反而不是很待见，关键就在于情商。每次回家，桃子就窝在家里读书，和人打交道是出于礼貌打个招呼，从不见她和邻里上下及亲戚有个人情往来。叶子逢人就会热情地问长问短，邻里有个什么事，她也会主动出手。过年过节，她几乎没空过手，买的东西或许不多也不贵重，可就是暖人家的心窝子。

邻里的小孩喜欢围着叶子转，阿姨们也会把家里的新鲜东西给叶子送点儿来。她们的父母听得最多的就是“你们家叶子真是个好姑娘”“这姑娘通情达理，招人喜欢”“将来谁娶过去做媳妇就有福了”……而关于桃子的话，多是“这妹子从小就会读书”“找的工作是真不错”。言语间透露出对谁的喜爱，一听便知。

美国心理学家霍华·嘉纳曾说，“一个人最后在社会上占据什么位置，绝大部分取决于非智力因素”，是因为情商高的人往往更受人欢迎，而且情商比智商有更广的应用范围，和他人的生活息息相关。智商不高的人只会影响到他自身的学业和事业，可情商不高的人会给他人带来一种不愉悦感，人们当然更喜欢让自己舒服的人。

朋友圈中曾发起过“一个智商高的恋人，一个情商高的恋人，你会选择哪个”的讨论，底下的评论中多数人的选择是情商高的。

金子，他的女朋友虽然工作能力不强，但是人缘超好，因为对每个人都很贴心。关系稍近的同事有非常重要的工作，女朋友会提前发信息提醒对方；要是外出旅游，会根据同事的喜好买不同的礼物……所有有意义的日子，女朋友都会有一份仪式感。

赵洋，他的前女友是高学历、高颜值的“女神”，大家都羡慕他的福气。可相处后才发现，女神的傲慢不是一般人能接得住的。很多生活基本常识她都没有，凡事都得宠着她，以她为中心，要是惹到了她，不管什么场合都能当场甩脸色。

多数男人不需要娶一个干事业的老婆，他们想娶的是一个让家庭幸福的人。都说男人成熟得比女人晚，情商高的女人能教会男人成长。此外，她们善于处理家庭中的各种关系，让家庭成员从她的言行中感受到温暖，是家庭的幸福剂。

这些年来，关于高智商而低情商的悲剧事件越来越多，“神童”魏永康就是其中之一。他 2 岁掌握 1000 多个汉字，4 岁基本完成了初中课程，13 岁进入湘潭大学，17 岁考入中科院，可谓是高智商的代表。然而 17 岁的他没有了母亲的管理，生活基本无法自理，也不懂得和人沟通，仅 3 年就被中科院劝退回家。退学后的他曾离家出走，完全适应不了社会，并极度抗拒和母亲相处，从顶峰一落千丈。

智商是我们生存的一项基本能力，它在某种程度上能决定我们做事的效率，能帮助我们在事业上取得成就，而情商教会了我们在社会中如何寻找自己的定位，让我们能在和他人相处中寻找到一种平衡感和舒适度，让我们的内心保持健康！

如何判断一个女人情商的高低

如果你问身边的人，情商是什么？你就会发现，多数人的理解是能察言观色、会说话、明世故，其实这不过是情商的表层，情商也存在真伪。那如何判断一个人的情商高低及是不是拥有真的情商呢？

朋友简和我分享了一个关于情商的故事。她的男朋友送了她两张话剧的票，而且是最前排，这场话剧的主策划是男朋友的发小。话剧确实很精彩，整个现场也组织得非常有序，让向来没兴趣的简很投入。能看出来，这个发小是个女强人。

话剧结束之后，出于礼尚往来，男朋友主动请发小吃饭。吃饭的间隙，简近距离打量了发小，精致的妆容、得体的举止，挺有魅力。

简向男朋友的发小表达了谢意，并且对话剧给予了很高的评价。话题到此都是愉快的气氛，然而没想到，谈到话剧，这个发小就滔滔不绝起来。

起先，简出于礼貌还集中注意力倾听着，可越听就越觉得像是一堂话剧的理论课。简慢慢埋下头，以吃来缓解听觉疲惫。结果，发小主动发问：“你应该也很喜欢话剧吧。我记得你男朋友很喜欢的，他是不是经常带你去看话剧？”

“他是比较喜欢，不过我兴趣不是很大。”简还是保持着基本的风度。

“那太遗憾了，之前他还经常到剧场看话剧的。”然后，发小就转向男朋友念叨起来，什么“怎么能因为烟火气的生活就失去高雅的兴趣爱好”“要影响女朋友陪着你一起看”“支持话剧艺术”之类的，还让简陪着男朋友多来剧场。

简原本心底那些好感被这些言论都败光了，匆匆吃了饭就催着男朋友离开。

简说，她承认这个发小很有才华，而且专业性很强，但情商实在一般。你的专业性可以在专业的舞台上发挥，并不是拿来在饭局中展现的。也许她想推广话剧艺术，可方式引起了对方的反感，只能适得其反。你有你痴迷话剧的权利，我也可以有我不喜欢的权利，我尊重你的痴迷，你也要尊重我的不喜欢。

简的这番话倒是让人们对情商有了很深的理解。生活中很多女人不是没有出众的外貌，也不是没有过人的才华，更不是缺乏会说话的能力，而是缺少了尊重和接纳不同的高情商。她们往往过于优秀，习惯于让别人接受她们的观点，并且喜欢从制高点的角度发言，而忽视了别人也有保留自我看法的权利。允许、接受并尊重他人的不喜欢及与自身意见不合，这是女人高情商的重要体现。

如果真正理解“情商”的概念，会发现它包含着一个重要的标准，就是识别自己的情绪，但我们几乎都是拿一个人是否让别人舒服来作为情商的评判标准。实际上，判断一个人情商的高低，不仅在于他如何对待别人，也在于他如何对待自己。

公司的新人琳琳是同事们眼中的“人气王”，虽然到公司不久，但好评不断。无论见着谁，她都是一张笑脸。公司的任何活动，只要需要她到位，她都是最早来，最后一个走。同事间有什么要帮忙的，她都是乐呵呵地接受。

那段时间，她家楼下有一家新开的早餐店，品种很丰富。办公室的同事有吃过的就在办公室提起了这件事，琳琳立马就接上话头儿表示，如果同事们喜欢吃，她愿意每天早上给他们带，结果就成了给整个办公室的人带早餐，一直带到她放年假。

原本以为琳琳是乐于做这些，因为她每天都是笑盈盈的，而且同事们都喜欢她，这样的好人缘实在令人羡慕。直到某天有个同事落了东西回办公室拿，发现琳琳趴在办公桌上痛哭。同事问了很久，才问清缘由，原来是这样忙碌的生活让琳琳喘不过气来，她觉得自己已经承受不住了。

“那你为什么不拒绝呢？你还自己主动揽那么多事情。”

“我是新人，想给大家留个好印象，让大家喜欢我，想着多做点儿也没关系。”

人缘这么好的她，其实过得并不快乐，这是不是很多人的真实写照呢？人前是那样积极向上而快乐的人，可人后却独自一人承受着悲伤，这样获得的人缘真的值得吗？

“你这样做一切都很好，前提是不能感到很累。如果你因为这样而很累，那就是在委屈自己”，在蔡康永看来，如果为了满足他人的期待而让自身委屈受累，就不是真正的高情商。是啊，一个连自身情绪都照顾不好的人，时间久了，在照顾他人的情绪上自然会吃力，最终事事都不周全，这谈不上是高情商。

就如朋友相约聚会，你明明最近工作压力很大而焦虑不安，但为了不扫大家的兴，还是很配合地答应了。在玩的时候，你心中一直惦记着工作而开心不起来，也会在表面上装作开心的样子，这不是高情商，而是情绪的自我压抑。

高情商的人在取悦他人之前，懂得先取悦自己。判断一个人的情商，要看的是能否在两者之间寻找到一个合适的平衡点。

女人，一定要把情商当回事

女人情商不高和情商低并不是同一个概念。

女人情商高自然是极好的，对人对己而言都是一种享受，但这类人只在少数；女人情商一般也不会影响大局，就是生活的基本面貌，这类人占据多数；但女人情商低却会影响到自身和他人，何况这类人还不少。

女人，一定要把情商当回事，情商才会把你当一回事。

姐们儿甜甜和谈了两年的男朋友分手了。因为是初恋，在这段感情中，甜甜付出了很多。刚失恋那会儿，甜甜请了一个星期的假，天天把自己锁在房里。

她的家人怕甜甜出事，就请她的朋友到家里来劝她，甜甜谁也不愿意理。那几天，她的爸妈哪里都不敢去，就在家里守着她，还时不时地关注房里的动态。

甜甜基本就是在朋友圈发一些很消极的东西，“付出了一切，一无所有”“到底什么才是真实的”“没有谁真正在乎谁”。朋友们最初出于理解还在底下评论一番，但天天这么发下来，大家也变得“麻木”了，基本刷一下就过去了。

过了几天，这朋友圈的动态倒是消失了，但一到深夜，这些玩得好的朋友就会接到甜甜打过来的电话，不是哭诉以前点点滴滴的付出，就是骂这个男的忘恩负义。朋友们也就跟着一起骂，也会劝她要往前走。

本以为这事闹这一下也就过去了，结果连续几天晚上，甜甜都会把那些事情翻来覆去地在电话里讲，就是求安慰。这些朋友第二天都要上班，哪有这么多精力大半夜陪聊，也就渐渐没了心情陪她。

甜甜不依不饶地跟朋友又杠上了，言语间都是“只有真正需要的时候，才能看清有谁陪在身边”“这世界上没有真正的感同身受”之类的“道德绑架”。

失恋有情绪谁都能理解，也能理解需要宣泄。可失个恋，闹得家人不安，朋友不宁，让自己活受罪，这就不是智慧女人的选择。凭什么你的朋友要为你的负能量买单呢？凭什么她们一定要与你感同身受？控制不了自己的情绪，让周围的人为你的负能量所累，久而久之，你身边的人会和你渐行渐远，因为每个人都需要正能量。

女人，一定要学会做自我情绪的主人。拿得起，放得下，方是潇洒的姿态。如果不把控制情绪当回事，你就只能是情绪的奴隶，于己于人都是一种负担。

如果你重视它，懂得积极地走出消极情绪，迎接你的就是生活中的阳光。

生活中的情商不可忽视，在职场上，情商也起着关键作用。有时候你的情商能坏整个公司的事，因为你的情商在某些场合就代表着公司的情商。

某天，英子打电话向我哭诉，她丢了一个大单子，会被老板骂死。大体情况是，英子跟进的一个公司的项目，已经到了要签合同的阶段。那天，英子的朋友身体出了点儿问题，她急着送朋友到医院，就没法赶上签合同的时间。

英子发短信告诉对方，会按时发传真过去，英子也提前发了传真。可对方觉得这样重要的合同应该亲自送过去签订，才能显示出对合作的重视，坚持让英子想办法及时赶到。情急之下，英子直接反击："我的朋友现在更需要我，这份合同只需要你们签字就行了，这是人之常情，我相信你们能理解。"

结果，对方原封不动地把合同退了回来，因为对合作的态度相当不满意。

我不懂怎么安慰英子，在这个事情上她确实犯了最低级的错误。对朋友的义无可厚非，可不应该这样感性地处理问题。说白了，就是情商低，哪怕是不能及时签订合同，如果能理解和缓解对方的情绪，也会用更合理的表达来解决问题。

职场中，像英子这样的人，应该不会有很好的发展前途吧！不是非要做到凡事有交代、件件有着落、事事有回音，至少要让对方在感受上舒服。

女人啊，如果不把情商当回事，在职场上就会面临被淘汰的风险。

现在是网络发达的时代，微信朋友圈成为一个电子交流平台，有些人就开始在网络上“放飞”自我。要么就是群发请别人点赞、转发和投票之类的消息，要么就是在群内发着各种小广告，或者就是不停地上传旅游、美食之类的图片霸屏……无论是哪种，你发出的微信消息和朋友圈都代表着你个人的形象。你微信上的样子，多少都会显示出你的情商，影响着你是令人反感还是受人欢迎。

你在朋友圈的那些抱怨或者自以为“高水平”的玩笑，别人也许拿你无可奈何，也不会在你的消息下发表什么不好的言论，可在心底已经极其厌烦这样的行为，并且对你这个人也留下了不好的印象。

小付和宛宛就是在微信上闹崩的，两人私底下是非常好的朋友，所以聊天也不会特意顾忌什么。结果某一次，小付未经允许就把两人的聊天截屏发到了朋友圈，可能在小付看来是很有趣的内容，却让宛宛觉得有损她在众人面前的形象。宛宛私信小付删掉那条朋友圈，可小付认为宛宛在小题大做，两人就这样不欢而散了。

即使是朋友圈里一个小的行为，也足以体现出一个人的情商。女人如果不注意自身的情商，就算是网上这样虚拟的交流，也能败坏人缘。

女人的情商高不一定能成就什么大业，但情商低倒真是能坏事。你的情商可以不高，但绝不能低。重视自身情商的修炼，让自己成为给人如沐春风般感觉的女人吧。

不做美丽的笨女人

一个不美丽但拥有智慧的女人同样能散发出无限的魅力，但一个美丽却没有智慧的女人往往不会受到青睐。所谓的女神不一定有出众的外在，但绝不是“无脑”的。女人可以不美丽，但一定要有智慧；美丽与智慧并存是女人最好的优势。

霖霖是很久之前认识的一个朋友，她的结婚对象是一个普通的工薪阶层的男孩。这个男孩尚处于事业的起步期，前途都还没有料定。然而霖霖不一样，她家庭条件优越，从小在良好的教育下成长，围在她身边的男孩不在少数，无论选择谁都不需要陪着一个男孩从头起步。所以，这婚事最初遭到了朋友和家人的劝阻，他们都希望霖霖选择一个能让自己少吃几年苦的人，只是拗不过霖霖的坚持。

后来听霖霖聊起这个男孩的家庭背景，我们才佩服霖霖的眼光。

男孩的父亲是毕业之后被分配到农村工作的知识分子，而母亲是当地的普通农村女孩。自两人认识之后，女孩就努力地进入男孩的世界。那个年代里，别的农村女孩天天外出干活儿，回来就是聊家长里短，生活的目标是找个人结婚生子过日子。可霖霖的母亲会主动找这个城里来的男孩教她认字，听他讲城里的那些生活，然后请男孩给她规定一些学习任务之类的，就这样一边劳动，一边学习。

在一群农村女孩中，霖霖的母亲是格格不入的那一个，她从来不和别人一起嚼舌根，而是专注于自己的事，然后把那些唠嗑等闲事的时间节约下来进行自学。可能是女孩身上有这股子不向生活妥协的劲儿，这样你来我往间，男孩渐渐爱上了女孩。别人都说一个城里男孩是不会娶乡下女孩的，可女孩不这么想。她想着只要自己能跟上男孩的脚步，就会有希望，她身在农村，可心却在远方。

男孩工作调到城市之后，将女孩一同带回了城。即使明知已经改变了自己的生活，可她依然没有停止学习。她比任何人都要清楚，生活环境的变化只是外在的，而内在的提升才是真正值得他人尊重的。如果适应不了城市的生活，那她也不过是一个在家做家务活的主妇，和农村又有什么区别。就是这样的信念，她从一个文化水平低的农村女孩慢慢成为有自考学历的公司的管理人员。

两人在城市里一同奋斗，拼出了一个小家。孩子出生以后，两人对孩子的教育极为重视，把孩子培养成一个高学历的大学生，并且是一个懂得感恩、能够自我奋斗的阳光男孩。一家人在这个城市里相亲相爱并一起拼搏着。

霖霖相信自己的眼光，也相信这样的父母培养出的孩子不会多差，她也希望自己将来的孩子能成长在这样的一个家庭之中。正如霖霖的选择那般，如今的她虽然过不上安逸的全职太太的生活，可从她的眼里流露出来的都是满足和幸福。

一个在相对贫困的生活中改变了自己的命运，一个在优越的条件之下选择了自己的幸福，两个都是有远见、有智慧的女人。女人能被现实的条件捆绑住，但绝不能让自己的眼界被捆绑，若是安于眼前，一味追求安逸与享乐，没有对未来的全盘考虑，那她最终的选择也会捆绑住她的幸福。只有从现有的起点往前迈，敢于跳到另外的地带，才有可能看到一个新的世界，获得更广阔的人生。

我欣赏这样的女人，她们懂得想要的生活是什么，懂得怎样争取想要的生活。为了这样的生活，她们能抛弃安稳而甘愿吃苦奋斗，她们能抵抗住流言蜚语而靠自身的力量坚守。最终，她们也凭借着这样的智慧赢得了她们想要的生活。

清楚要什么的女人是聪明的，而在爱里不迷失的女人是迷人的。“女人真聪明，一爱就笨”，让女人变笨最快的方法就是陷入爱情。多数女人在爱情里丢失了自我，成为爱情和婚姻负担里的附属品，虽然不顾一切到心力交瘁，可到头来一无所有。最悲剧的莫过于一无所有的时候，她们还要以央求的方式争取一个回头的机会，这样的姿态最愚蠢，也最难堪。有一种女人在爱里始终能为自身保留一个空间和一份理智，既能全力以赴地爱，也能潇洒地离开，这是智慧的姿态。

其实笨与不笨多在于女人的想法。要得太多或计较得太多或是把希望寄托在他人身上，自然就局限了思维；而把心放宽并懂得依靠自身的人，自然就生出了智慧。

高情商，是女人成熟的标志

你或许长大了，但你不一定成熟；你或许有着浓艳的妆容和性感的衣服，但你不一定成熟。因为成熟不是简单的身体和外形上的变化，而是为人处世的一种方式。只要用心观察周边，你会发现一个修炼出高情商的女人定然是成熟的。

阿华和粒子在同一个单位工作，两人成为室友的时候，阿华

27岁，粒子24岁。虽然只有三岁的年龄差，两个人的处世风格完全不同。在同事们的眼中，阿华明显成熟很多，而粒子就是一个小孩子，粒子常有种职场“小白”的苦恼。粒子曾问阿华，她什么时候才能像她那样成熟，阿华当时的回答是，等她27岁的时候。

等到粒子27岁的时候，她发现依然达不到那时候的阿华的成熟度。但是，她也终于明白了，成熟不是以年龄定义的，而是由高情商决定的。

粒子是个较真儿的人，和同事相处的时候凡事都要争个对错或高低。同事在工作中懒散，她就会对其表现出不满的情绪；同事完成的工作不那么尽善尽美，她就会按照她的标准让其做到完美为止，有些事情明明已经过得去了，她非抓着不放。有时候，有些同事喜欢在朋友圈向领导溜须拍马或和其他同事进行一些虚假的友好互动，她就会很生气，甚至远离这些人；但她又是一个磨不开面的人，同事有事情需要她的时候，即使牺牲自己的休息时间，她也会帮到位。她把玩得好的同事都当成是好朋友，常常因她们不够在意自己而生气。

阿华过得比她轻松多了，可每个人都对她客客气气。你几乎看不到她和别人生气：在和同事出现矛盾的时候，她从来都不是以生闷气解决问题，而是积极沟通；她不会因为谁和谁的关系近了而生气，和每个人都保持着适当的距离；对于那些并不完善的工作，她点到为止，给彼此台阶；对自身须承担的工作从来都是不拖泥带水地完成，那些无法承担的工作，就给予委婉的拒绝；偶尔她会在朋友圈和领导、同事来一些舒服的互动，你几乎从她的嘴里听不到对任何领导和同事的抱怨。印象中和领导以及同学们聚餐的时候，阿华永远是那个端茶送水的人。

高情商的人不会活在别人对自己的评价中，他们能对那些看不过的事情保持一种平和的心态，做到和而不同；懂得什么是该做的，什么是能拒绝的。

这些事情，粒子做不到，所以粒子从来没被人夸过情商高，可她从其他人的嘴里听到关于阿华最多的评价就是情商高。情商不高的粒子一直就是那个生着闷气、默默加班还不被重视的耿直小孩；情商高的阿华活得洒脱而受人尊重，有着职业女性的气质范儿。粒子想向阿华靠拢，实现从耿直小孩到成熟女性的过渡。

成熟的女人就像是一杯陈年老酒，越品越香，令人沉醉。多数女人都在追求一个成熟的状态，以散发出不一样的魅力，然而很多人却选择了错误的方式，她们把成熟和圆滑等同起来。凡是和自身利益不相关的事情就高高挂起，对他人时刻有一种警惕心，从不表露自身的喜怒哀乐，这类人并不受欢迎，反而会让人充满防备心。真正的成熟不是困在不适合自己的装扮里，不是委屈自己来成全他人，不是戴上一层层面具来伪装自己，而是一种知世故而不世故的高情商。

她们既能保护好自己，又能顾及他人的感受；不是不表露情绪，而是善于控制情绪；不随意表达自己的观点，但一定拥有自己的判断等。女人的成熟和年龄无关，用你的高情商把自己打造成为一个从内而外散发出成熟魅力的女人吧！

情商非天生，可后天养成

情商是我们每个人在生活和工作中都极其需要的东西，它是我们生活的润滑剂，是我们工作的助推器。情商高的人无论在什么场合都是受欢迎的，然而在不同的场合，我们可能需要用到不同的情商。有些人在工作场合表现得情商高，但在生活场景中却并不适应，但不可否认的是，情商是能通过学习和实践习得的。

雨子刚结婚的那段时间，到处向人哭诉和婆婆之间的那些琐事。原本和丈夫两个人恩恩爱爱，自从婆婆来了之后，日子就完全不同了。两个人生活的时候，想做什么就做什么，可婆婆就喜欢管这管那，一会儿嫌作息时间不好，一会儿嫌两人太懒，甚至指挥雨子做事情；夫妻俩拌个嘴，婆婆总喜欢在其中插一杠子，不是批评雨子，就是把丈夫训斥几句；要是雨子稍微对婆婆的言语有什么不满意，婆婆一转身，就立刻告到了儿子那里，然后两个人为这事又吵了一架……

只要一接到雨子的电话，想都不用想，准是要诉说她和婆婆之间那些琐碎里的不愉快。但后来，朋友们发现雨子的朋友圈里居然经常出现她和婆婆一同游玩的照片，她们才意识到，雨子已经很久没有抱怨过她和婆婆之间的事了。

原来，在和婆婆大战几百回合之后，雨子发现这样的生活实在太累了，一家人都陷入了琐碎的烦恼中。如果还想让家庭幸福，必须有人做出牺牲，但让长辈牺牲似乎是不可能的事，更何况到了婆婆这个年龄，要改变思维已经很难了。在向过来人请教了一些经验之后，雨子试着改变自己来和婆婆相处。

改变的第一点就是心态。在婆婆来之前，雨子的原则就是，如果婆婆对她像对女儿一样，她就对婆婆像妈妈一样。现在，雨子把这种想法转变了，先让自己像对妈妈一样对婆婆，再期待婆婆像对女儿一样对她。所以，在处理事情之前，雨子都会先问自己："如果此时是自己的妈妈……"

当改变了心态之后，雨子发现原本看重的那些小事也没有那么在意了，无论婆婆说什么，她都能心平气和地和婆婆对话。婆婆让自己做的那些事，她老老实实去做；婆婆念叨的那些话，她听听也就过去了；婆婆不喜欢的东西，她就少买……

改变的第二点就是主动靠近。雨子会把公司发生的那些事和朋友的那些事以及其他一些新鲜的东西唠叨给婆婆听，这在以前是绝不可能的事，一是雨子没有和婆婆闲谈的兴趣，二是这些东西谈起来没什么价值。但过来人这么教她，她也就这么做。结果发现，婆婆对这些事情听得很起劲儿，拉着这些家长里短的闲话，两个人的心似乎还真靠近了一些，婆婆也似乎对她的工作多了一些支持和理解。

偶尔，雨子也会给婆婆送点儿礼物，夸一夸婆婆，陪她出去逛一逛……

婆婆也不是一个没有情感的人，这些变化她当然能感受得到，也会在儿子的建议下慢慢改一些能改的小毛病，在不知不觉中对雨子越来越好。婆媳关系就这样在磨合中变得和谐，那些烦恼逐渐变成了生活中的小温馨和小幸福。

“家家都有本难念的婆媳经”，和婆婆相处非常考验一个女人的情商和智慧。雨子在这方面的情商最初可谓是不合格，然而经过过来人的指点和在实践中的领悟后，她最终能和婆婆相处得这般融洽，无疑是因为在这段关系中她的情商已经修炼出来了。

不要害怕你在某个方面缺少情商，只要你想提高，就有实现的可能。简单来说，提高情商首先应认识到自我的情绪，只有这样才能抓到最本源的东西，才能控制情绪来理性地采取行动；然后是了解他人的情绪，只有清楚对方需要什么，情绪点在哪里，才能有针对性地行动；最后才是处理彼此的关系。

哈佛大学心理学博士丹尼尔·戈尔曼曾说："情商，是能认识自己和他人的感受，自我激励，以及很好地控制自己和在人际交往中的情绪的能力。"如果你想提高情商，这几个方面无疑是很好展开的点。

Chapter 2

提高情商的十大法则

这个世界因为女人而越发美丽，而一个女人因为拥有了宽容和包容之心而越发动人。无论何时，这样的女人都能让他人心悦诚服。在这并不漫长的人生旅途中，让我们学会包容，多一些宽容，让其成为我们一生永不贬值的财富。

不蔓不枝，只做有意义的事

自古以来，莲花就被人称颂。前有李白的“清水出芙蓉，天然去雕饰”，后有周敦颐的“出淤泥而不染，濯清涟而不妖”。人们喜欢莲花，大约是它身上有一种不随世俗，不攀附，洁身自爱的品质。的确，莲从来都是不蔓不枝的，它不需要横生藤蔓来炫耀自己，也没有旁生枝节的复杂，它只是在自己的世界里安然地释放属于它的清香，默默地拥有一个自己的世界，显示出一种遗世独立的贵。这样的看似不争不抢，却有一种低调中的高雅，让欣赏它的人有发自内心的敬意。

坚持做自己，坚持以自己的方式让生命更有意义，莲，确是真正的花中君子。

可惜，世人如莲者少有。有些戚戚于贫贱，有些汲汲于富贵，仿佛非要有一番成就才能让他人看得起。于是，戚戚于贫贱的人自卑，汲汲于富贵的人具有极强的功利性，两者都始终逃离不了名利场的诱惑，逃离不了世俗的眼光。

明明为了取得成功而头破血流，明明为了赢得好的人缘而机关算尽，可到头来，终究是一场空。那是因为他们的一言一行都在于世人怎么看，而不在于我内心怎么想，要怎么做。他们委屈着自己而迎合大众，迎合这个社会，这两者都没有坚持做好自己，而是随波逐流，成为世俗社会的俗人。

其实，大众欣赏的并不是你有多少的身份，而是你是一个值得尊敬的人。有时候，你只需要做好你认为有意义的事，无须刻意为之，你反而会受欢迎。

雨杉是一个极具能力和才华的女子，但是她在人际圈子里并不活跃，不会刻意地逢迎领导，也不会和同事说着心口不一的恭维话。每一次，同事们围聚在一起进行着商业互吹“哎呀，你这衣服好漂亮啊”“你的发型好显气质”“你昨天的表现实在太好了，什么时候教教我”的时候，或者对出现在办公室的领导一顿恭维的时候，雨杉始终是那个“局外人”，继续做着自己的工作，看上去似乎有些不近“人情”，也有些格格不入。在外人看来，她似乎是不合群的那一个。

可是，在同事的眼里，她却是最近人情的那一个。

当同事在工作上遇到瓶颈或困难的时候，她不会刻意地走到他面前表现出一种担忧，“没关系，都会过去的。”“唉，怎么会这样呢？”“真是可惜啊！”或是说一句客套话，“需要我做什么吗？如果需要，就尽管说啊！”然后将同事的问题抛之脑后去潇洒。她只是设身处地地想解决方案，然后手把手地教同事如何走出困境，并找一个合适的台阶让同事缓解被帮助的心理负担。

当同事取得新的成绩的时候，她一定不会聚集在人堆里一脸讨好地表面式恭贺“你太厉害了”“恭喜你”“向你学习”等，而在私底下却是满眼的嫉妒、满口的“酸语”。她会是在比赛之前为同事出谋划策，真心为他助力，在比赛之后心满意足地离场，决不邀功，决不刷存在感的那个，然后以短信的形式告诉对方比赛中表现突出的地方以及需要改进的地方。

领导邀其做行政，她不愿意；同事邀其进入她们的团体圈子，她不愿意。她不愿意把自己置身于名利场，她也不喜欢参与同事们联络感情的那些娱乐活动。她依然是那个按自己的方式过着生活的人，她依然看上去那么不食人间烟火。

闲暇的时候，她会去花卉市场买几盆悦目的花，如今，她家的阳台已是一个小型的花卉市场，这些植物就是她的另一个世界；有时，她会到陶器镇待上一下午，逛一逛艺术品，然后做一个喜欢的陶泥摆在自家的客厅里，她喜欢这样有匠心的手工作品；更多的时候，她会在家里画画，画那些她喜欢的植物和怀念的场景，把自己的生活记录下来。她喜欢的东西还有很多，但多数都需要一个人独处完成。这样的她看起来像一个闲人，一个没有活在当代社会的“局外人”。

她不以世俗为标准行事，而遵循内心所追寻的意义。她没有刻意经营与人的关系，一切都出于她的真心；她没有把时间浪费在无意义的表面虚荣，而是专注于自己喜欢的事物。这样的她，比任何人都过得充实而快乐。

而你，是否也能成为那个在世俗的旋涡中不蔓不枝，只做自身认为有意义的事情的自己呢？当你试着这样努力的时候，你会发现你曾经所追求的那些功名利禄或大众的眼光显得那么微不足道和虚无。

你会找到一个真正的自己，一个为自己的生命意义活着的自己！那时的你，也会像莲花般拥有一种低调的高贵，被人发自内心地尊重！

始终充满热情，调动积极情绪

据说希腊人在死之前，周围的人并不感到悲哀，他们只会问一声：“此人生前有没有热情？”如果有过热情，那他这一生便了无遗憾；如果没有热情，那活着与死去的区别并不是那么明显。中国也有类似这样的话，诸如“有些人活着，他已经死了；有些人死了，他还活着”，一个人只有活出价值及活出生命的热情，他才能不负在这世间走一遭，否则就是这世间没有思想和灵魂的“木偶”。

热情，是一种能量。它可以是初升的太阳，给人新生的希望；它可以是正午的阳光，为人蓄满了动力；它可以是日落前的那一抹夕阳，让人回味无穷。无论何时何地，它都有足够的魅力，让欣赏着它的人心情永不黯淡。而一个热情的人，他浑身都能散发出这种能量，能随时随地吸引着他人的目光。无论是怎样的姿态，他都能带给人不同的韵味，让人拥有向上的憧憬。

我和煦认识有十多年了，印象中她就是一个能量爆棚的人，始终对生活充满着热情。她给自己取名为小太阳，头像是一朵向日葵，这么多年来就没有变过。因为向日葵具有向阳性，如阳光般明媚灿烂，她希望自己也是这样一个人。

因为心中有着这样的愿景，她对生活始终保持着源自心底的热情。

无论是相识的人或是初次相见的人，她的嘴角永远保持着最美的弧度。你想象着向日葵开花是怎样的姿态，她的笑容就是怎样的灿烂，这样的笑谁能抵抗呢？因而和她仅有一面之缘的人，也会被她的笑所感染，瞬间和她亲近起来。所以，所谓的陌生似乎不存在于她的字典里，她的一个笑容就能变成自然熟。

和她在一起，你从不需要顾虑冷场。她的语言是有温度的，会传递到你的心窝，让你自然而然地打开话匣子，让你有一种想要表达的欲望。

如果你在沮丧的时候，只要有她在身边，你的心情就能迅速治愈。人在沮丧之时，最不能遇到的是一个比你还沮丧的人，这样的两个人碰到一起，就会对生活充满各种怨念，将这些负能量一股脑儿地混合，产生消极的态度。

像小太阳这样天性乐观和热情的人，她会教会你如何把消极变成积极。她会告诉你，生活除了生死之外，一切都能由自己掌控；她会告诉你，你的心态决定了你看问题的角度，从而决定了你的人生快乐与否。被她开导的朋友甚至说，只要和小太阳在一起，仿佛就能忘记这世间所有的烦恼，有这样的朋友是人生之幸！

她热爱生活，积极分享着生活中的点滴，满心满眼都是美好。一朵花、一片叶是她朋友圈里的常客；洗手做的羹汤也是一种生活的记录；小朋友的嬉戏、打闹被她写进了文字里；人和人之间的小幸福也是她的最爱。她喜欢发现并把这些生活中的小事物收藏起来，用这样的记录来提醒自己爱上生活，享受生活！每次读她的朋友圈，你都会从世俗中抽离出来，感受到一种宁静和美好！

这样的热情使小太阳将自己的生活过成了一首诗，一首美好而充满温暖的诗。同时，也让在她身边的人感染着一份热爱生活的能量。朋友们喜欢和小太阳在一起，她能让生活点滴变得美妙起来，能让生活多一些色彩！

正是有了这样热情的态度，小太阳做什么似乎都特别顺利。毕业之后顺利通过考试，然后找到一份心仪的工作，过着诗一般的生活。

她的生活中也不断地出现贵人，这些年纪比她大并且人生阅历极为丰富的人之前并没有和她有深厚的渊源，但是在和她相处之后都愿意为她提供资源和帮助，助她实现自己的梦想。小太阳的朋友圈里，不乏一些超出她年龄圈子的能力和实力超群者，但她从不自卑，依然保持着最初的热情。而在小太阳的圈子中那些拼了命想往上爬的人，却始终得不到这些人的青睐，也有人曾向那些人寻求过答案。有人曾告诉他，“因为在小太阳的身上看到了年轻时候充满能量的自己，和她相处，你会觉得生活永远充满了希望，你的内心是欢愉和轻快的”。

一个人在生活中的热情具有多大的能量，你或许从来没有这样深刻地体会过！小太阳喜欢这样的生活方式，她认为这才是不负人生的正确打开方式。如果你没有她这样的幸运，那你也许能问自己是否有她这样的热情。

热情的态度是你人生的光，能照亮你前行的路。愿你也能如她这般骄傲地迎着太阳来吸收那明媚的阳光，用满载的能量来驱逐生活中的黯淡，既温暖了自己的人生，也能让身边的人同享一片灿烂！

多一分包容，多一些宽容

男人的胸怀在某种程度上比女人更宽广，这不是一种偏见，也不是歧视，而是由不同的性别特点所造成的。从整体来看，女人的心思更细腻，她们往往能看到男人看不到的细节，就容易陷入对小事情的计较中，而男人则显得更粗糙；女人关注的都是生活中的感性的琐碎，男人关注的东西往往更具有理性的风格。再者，社会对男人是否有胸怀有更高的要求，一个小肚鸡肠的男人一定会被社会所不容；而一个没有包容之心的女性，社会会对她有更多的容忍。

如果说男人的包容和宽容之心是必需品，那一个女人的这份心就是珍藏品。然而，在我看来，女人的包容心丝毫不能逊于男人。女人是这个社会感情的调和剂，是一个家庭的情感底色，若是斤斤计较，睚眦必报，那社会便多了一些矛盾与冷漠，家庭的文化就是一个求自我利益而不顾他人感受的文化。

人心是这世间最难得的，因为它完全由自我掌控。斯宾诺莎曾说，“人心不是靠武力征服，而是靠爱和宽容大度征服的”，女人的爱与宽容就是融化人心的最好武器，往往能达到不“战”而胜的效果。你的优秀引发了别人对你的妒忌，于是对方想方设法给你使绊子，在背后诋毁你，你也能以同样的方式还击回去，让它成为两个女人之间的战争，然后愈演愈烈，最后让怒火灼伤了彼此，从而两败俱伤，还让别人看了一个十足的笑话。

可是，有一种女人，她们依然专注在自己的世界，把这些诋毁当成是自己优秀的证明，鞭策自己成为一个更好的人。当对方落难的时候，她们绝不会火上浇油般地“复仇”，而是真诚地伸出自己的援助之手。她们不是装模作样，因为她们从来没有计较过那些行为，也从来没有把那些所谓的“伤害”放进心里，更没有视对方为敌人，也就不会有芥蒂。以德报怨，能做到这个份儿上的女子何尝不会让对方感动呢？比起彼此“相杀”，这样的方式更能赢得他人的尊重。

拥有包容和宽容之心的女人，也是婚姻里的赢家。女人渴望把自己的另一半改变成一个完美的爱人，总认为男人应是婚姻中付出更多的那一方，而自己理应被捧在手心，就会生出各种的不满和委屈。“你没有赶回来陪我，你是不是不在乎我了”“你怎么又和你的朋友出去玩了”“你看看人家的老公多浪漫”“别人都已经升了这么久了，你还是原地踏步……”在这些女人的世界里，她们对自家的老公永远都不满意。这样的语言，男人能容忍几次，可若是这样无休止地挑剔，脾气再好的男人估计也会爆发，夫妻关系自然会出现裂缝。

男人的承担并不代表着他们是完美的人，他们也有自身的缺陷，也有能力所限，也有自己的情绪。作为女人，如果能在婚姻关系中多一些包容和宽容，接受他的缺点所在，给他一些理解，并让他拥有自我的空间和改变自我的时间，那你的老公会更疼惜你，也会更珍惜你们之间的感情。

“爱，不是寻找一个完美的人，而是学会用完美的眼光欣赏那个不完美的人”，好的婚姻关系就是一种彼此的成全，为了共同的幸福而成为一个更好的自己，而不是一方紧盯着另一方的短处且无休止地抱怨。在现实生活中，有一个深明大义、具有包容和宽容之心的女人是一个男人一生的福气。

其实，我们的生活本就是酸甜苦辣咸五味俱全，每个人都会遇到糟心的事和糟心的人，过着一段糟心的人生，就看你是否能磨炼出一颗这样的心。在工作中包容的人获得了好的人缘，在生活中宽容的人获得了稳稳的幸福。说到底，包容和宽容别人其实是在释放我们自己。只有对他人多了一颗这样的心，我们的内心才会多一些接受美好的空间，我们的人生才会更从容和洒脱。

包容和宽容，让一个人的人生变得更美好。

这个世界因为女人而越发美丽，而一个女人因为拥有了宽容和包容之心而越发动人。无论何时，这样的女人都能让他人心悦诚服。在这并不漫长的人生旅途中，让我们学会包容，多一些宽容，让其成为你一生永不贬值的财富。

不过，包容和宽容并不代表着一味地忍让和逆来顺受。它不是一种软弱，而是一种态度。你的包容和宽容应有你的原则，才能发挥出它应有的价值，否则会成为他人伤害你的武器，就让有度的包容和宽容成为你和他人生命中的光！

掌握沟通和交流的技巧

沟通和交流是一种能力。一个人情商的高低最直接的体现就在其说话的艺术。懂得沟通和交流的女人让人如沐春风，也让她们的人生活得自如，赢得精彩！

善于沟通和交流不等于喋喋不休的唠叨。无论是和自己的老公相处，还是教育自己的孩子，唠叨是最无效的一种方式。他们只听到你在耳边喋喋不休，而听不进你需要他们做什么。你的唠叨打扰了他们正在进行的事情，也挑出了他们更多不愿意改变的毛病。时间久了，他们甚至会对你的说话方式产生一种厌烦感。

可惜，女人天生爱唠叨。如果你希望达到更好的效果，那就要意识到这种方式的问题所在，并寻求一种更高明的方式，掌握一些沟通和交流的技巧。

沟通和交流的过程中要牢记让对方舒服的原则。很多人错把说话直爽当成了真性情，用尖酸刻薄的话来表达自己的个性，既伤害了他人，也显示出了自己的低水平。印象最深的是有一次，有几个朋友一起约着出去玩。为了拍照好看，小胖特意穿了裙子，这是她在工作场合从来不会做的事，这对她而言本就是一种挑战。可这样的美事就被其中的一个友人搅局了，当她看到小胖的时候，脱口而出就是一句："你看你的肉都勒出来了，小腿显得好粗，这衣服太显胖了，你还不如穿休闲服呢！"小胖的脸色瞬间垮掉了，旁边的人忙来缓和尴尬，还有人偷偷提醒友人讲话不要这么直接，可她却认为自己讲的是事实，而并不觉得有错。那天，小胖没有让别人拍她一张照片，这之后，我们也几乎没有看到她穿过裙子。

你永远不知道你所谓的讲述事实的一句话对他人的伤害有多深。陈述事实有多种方式，而你选择了最残忍的一种。生活中这样的事屡见不鲜，"你找的男朋友怎么那么矮""你是不是没钱一起去玩啊""你们家孩子这次考试又没考好吧""你看你一讲话就暴露了你的文化”，这样直截了当地揭别人的短处，是低情商的典型表现。如果那个被揭短的是你，你一定也不愿意接受。

对方没有当众翻脸是他的涵养，但在心中一定有了芥蒂。

没有考虑对方的感受而脱口而出的说话方式驳了他人的面子，也断了自己的后路。“己所不欲，勿施于人”，在说话之前，我们或许可以多想想这句话。站在对方的立场想一想，想想自己的话怎么表达才会让对方听起来舒服。假如你把让对方在和你沟通和交流的过程中始终有一种舒服感和愉悦感的说话方式运用得得心应手，成为你的一种表达习惯，你会发现你的人缘直线上升。即使你什么都不做，也会有人主动来帮助你，让你的生活和事业更顺心如意。

让对方感觉到舒服，你的沟通和交流已经成功了一半。

而它成功与否的另一部分在于你的沟通和交流是否有效。你的信息有没有让对方接收到是沟通和交流的效果所在，如果你认为你表达了你所表达的，可对方仍毫无头绪，这就是无效的沟通。

有效的沟通要有敏锐的感知。在沟通和交流之前或过程中，你需要判断对方是一个怎样的人，有怎样的知识背景，需要你使用什么程度的语言，从而决定怎样运用对方熟悉的语言，这样便于他的接受。就如同样一句话对小孩子说和对老人说，就要运用不同的语气和表达方式，才能达到更好的效果。

沟通的过程中如果产生了分歧，不要试图强迫对方接受你的观点，也不要立马说服自己接受对方的观点，这样对彼此都是一种无奈的妥协。倾听在这时就是重要的力量，双方耐心地听对方表达出她的想法，然后找出分歧点和各自观点中的闪光点，更好地寻找解决之道。如果双方都急不可待地要说服对方接受自己的想法，往往会适得其反。沟通交流中的等待，有时是一种无声的提升好感的方式。

总之，一个女人若是知道和人沟通和交流时说什么，什么时候说，对谁说，怎么说，具有包容心和同理心，她是善于沟通和交流的。学会了说话的艺术，一个女人就有分寸并知进退，更不会逞口舌之快，这其实也是女人的幸福密码！

这样的女人即使家境和相貌并不出众，她也能凭借说话的艺术拥有幸福的家庭和成功的事业。相反，一个女人即使相貌出众，但一说话就暴露了水平，那也难以闯出自己的一片天，因为会说话就是一个女人的软实力！

学会真诚地赞美别人

赞美，从概念上来说，是指一个人对自身所支持的事物表示肯定的一种表达。不管是爱人之间、朋友之间、亲子之间，还是陌生人之间，每一个人都喜欢听赞美的语言，他们需要在赞美的语言中得到肯定，获得成就感。

然而，赞美也有恰当和不恰当之分。恰当的赞美能成为人和人之间关系的润滑剂，拉近人与人之间的距离；不恰当的赞美让人觉得怀有某种目的性，反而适得其反，这就如吹气球，吹得太小没弹性，而吹得太足则容易爆，只有刚刚好才最佳。真诚是赞美最恰当的表达方式，而虚伪的赞美则让人心生轻蔑。

真诚的赞美能让一个失去自信的人发现自己的闪光点，能让一个失败的人获得重新开始的勇气，能让一个追求梦想的人获得前行的动力。日常生活中，一个简单而真诚的赞美能产生意想不到的效果。在孩子身上，这一点尤为重要。一个孩子可能会因为你的某句赞美而爱上学习，也可能会在你的赞美中把绘画、音乐或写作等兴趣发展成为一生的事业，也可能会在某句赞美中走出和人相处的自卑感，一步步找回积极生活的动力。你永远不能忽视的就是真诚的赞美的力量！

对不同的人和不同的场景选择不同的赞美方式才是真诚赞美的正确打开方式。比如对年轻的女孩，你可以赞美她的活力和时尚；对年长的女性，你可以赞美她的知性和得体；对年老者，你可以赞美她的学识和阅历。在别人家做客，你可以赞美女主人的贤惠和家庭布置的温馨而尽量少提及工作中的语言；在公共场所，赞美对方那些能够引起好感的行为而少对其外在评头论足。真诚的赞美首先就是要符合对方的身份和所处的情境，否则会让对方觉得突兀或刻意迎合。

有时候真诚的赞美也可以通过无声的语言。一个人的眼神往往表达出其内心，对他人投递一个欣赏的眼神就能让对方心领神会；聚精会神地听对方讲话并用微笑来给予适当的回应也会让对方感受到肯定；而恰当时机的拥抱同样也有这样的效果。无声的语言比直接的语言显得含蓄，但有着不可忽视的力量。

真诚的赞美需要克服自己的嫉妒心。

曾听过这样一个故事，大象凭借着自己的善良和稳重在森林中得到了狮王的重视，这对大象而言本身是一件好事，可引发了森林中各种动物的不满。在动物们的眼中，大象既不漂亮，也没什么风度仪态，怎么能比得上自己呢？狐狸转动着自己的尾巴，颇为不屑地说道：“像我这样有着蓬松轻软的尾巴才配得到狮王的喜爱。”公牛嘲讽道：“估计是那一对长长的牙齿被狮王当作角了吧，我的角可比它厉害多了！”驴子也赶过来凑热闹：“它能得到狮王的青睐，还不是明摆着的事，就是那对儿大耳朵呗！”说罢，它扇了扇自己的长耳朵。

这样的场景在我们的生活中实在太常见了！当一个人取得成绩的时候，她身边的人各种姿态都显现出来。有人立马迎上去一顿溜须拍马求得一个增进感情的机会；有人却见不得他人好，说着言不由衷的话，当面祝贺而背后诋毁，“她有什么资格获奖”“还不是靠关系”“平常有这么努力吗”“我觉得那谁比她做得好多了”。怀着这样的心态说着赞美的话，这语言一定没有温度，让听着的人觉得不过是一种官话，而那些私下诋毁的话也终有一天会传到这个人的耳中。

这样的赞美怎么增进人和人之间的关系呢？反而让人和人之间有一副商业互吹和虚伪的嘴脸。一个人取得成绩自有她的理由，无论她看起来多么轻松，背后都付出了自己的努力，何况是那些真正努力着的人。这时候，如果有一个人能发自内心为其感到骄傲并给予真诚的赞美，这个人在她心中一定占据不一样的地位。

人和人之间的感觉非常微妙，你话说得再漂亮，如果不是出于真心，对方虽然不戳破，但也心中有数。那么，她传递给你的也不是她的真心实意。克服自己的嫉妒心，赶走那些对某种结果嗤之以鼻和酸溜溜的声音，用真诚的态度来发现对方的闪光点并发自内心地赞美，你获得的不仅是好人缘，也有自我的成长。

“良言一句三冬暖，恶语伤人六月寒”，学会真诚的赞美最好的方法就是心怀善意。只有那些真诚赞美别人的人，才能得到别人发自内心的赞美！

保持好的心情，给自己一个微笑

每个人都希望自己的生活充满着阳光，因为追寻快乐和幸福是人生的意义所在。然而，我们身边总是有一些人对生活的种种都心怀怨念。在她们看来，生活从来都不是公平的，而且幸运的天平从没眷顾过自己，似乎生活总让其不如意。于是，她们活在一种消极的情绪中，觉得全世界都欠着自己，每天摆出一份心情糟糕的样子，让生活在她们周围的人都有了压抑感。无须怀疑，这样的人定是不受人欢迎的，甚至让人想远离。说白了，这就是一种低情商的表现。

高情商的人拥有让自己保持好心情的能力。在她们看来，拥有好的心情就是一种生活的态度，不仅让自己过得舒适，也让身边的人轻松自在。她们把日子过得像太阳般明媚，自然能吸引他人的靠近，也让这份光芒照耀着身边的人。

保持好的心情需要与生气保持一定的距离。生活中心情不好的原因往往来源于生气，气自己没有把事情做好，气他人没有让你如愿，气别人比自己优秀等。如果我们停下来细想一下，多数人每天都把一部分的时间用在生气上。有研究表明，生气相当于“慢性自杀”，对我们的皮肤和心理都有极大的影响，长此以往，就会影响我们的健康。如果你稍微用心，你就会发现长期生气的人的负面情绪都郁结在脸上，给人一种生活的沧桑感和疲惫感。

那么这些让我们生气的人和事是否是“十恶不赦”呢？大部分的人都有过这样的体验，等气过头了，又忽然意识到这样的事情本不值得生气。既然如此，你何必因为这些人和事来破坏你的心情呢？心情一旦破坏了，做事情也不顺手，和人打交道容易出现冲突。明明很好的生活，却被生气弄得糟糕透顶，这样真的值得吗？

诚然，每个人的生活里都会出现令人生气的事，可我们能降低生气的频率，并减轻生气的程度，尽量控制生气引发的不良后果。在这一点上，一个高情商的女人往往能做到先处理心情，再来处理事情。

面对让你极其愤怒的事情，与其歇斯底里，不如选择沉默来进行无声的反抗，也给自己一点儿平复心情的时间。有人说，“人之所以会做错事，就是在该用脑子的时候，却动了感情”，冲动之下所处理的事情只会让事态越来越糟，等你冷静下来之后，就会懊悔，而让自己再次陷入负面情绪。

远离生气，让自己保持一个清醒的头脑，将时间花在更多有意义的事情上。你的生活会越来越丰富，心胸会越来越宽广，心情自然也会越来越佳。

保持好的心情，需要保持对生活的微笑。“生活是一面镜子，你对它笑，它就会笑；你对它哭，它就会哭”，经常保持微笑的人，生活不会有多差。它是一种积极的心理暗示，会提醒你在困境中依然笑对生活。

经常微笑的人像一阵和煦的春风，能吹暖人的心窝，给人以亲切感，这样的人必定有着极好的人缘，人们甚至不忍心和这样的女孩生气或发脾气；经常微笑的人，并不是生活中没有烦心事，而是她们选择放弃烦恼，拥抱阳光；经常微笑的人拥有一颗平常心，她们很少对生活心生怨恨，会从容地面对生活给予她的难题；经常微笑的人会得到他人无条件的相助，赢得更多的好运气！

当你的微笑成为一种生活习惯，好心情自然随之而来。

人生良好的状态并不是腰缠万贯或受万人敬重，而是过得简单、快乐，这才是一个人真真正正拥有的东西。其实，人生在世，除了生死之外，余下皆是小事。既然这样，何不将那些无关痛痒的事情看得轻一些呢？快乐是一天，不快乐也是一天；快乐是一生，不快乐也是一生。你的人生就只走这么一遭，让好的心情围绕着自己，让身边的人跟着你快乐起来，不是人生最有价值的事情之一吗？

善于聆听，是对他人的尊重

一个能言善辩、侃侃而谈的女人往往让人心生羡慕。因为在大部分人的认知里，会说话的女人是聪明的、能干的、具有人格魅力的。诚然，会说话是一门艺术，可真正情商高的女人不仅会说，也会听。她们懂得什么时候应表现自己，什么时候应保持沉默，全身心地去感受对方在表达过程中透出来的信息和思想。

遗憾的是，如今的社会多的是善于表达自己的人，而恰恰少了让别人表达的人。每个人都急不可待地表现自己或证明自己，企图让他人了解到自己的优秀，以更好地寻找到一种存在感和成就感。在众人都想表现自己的时候，那个默默聆听的人恰巧发挥了她的价值，人们从她这里感受到了被需要和被尊重。

有时候，懂得聆听的女人往往更有魅力。

颖儿是一个绘画爱好者，也在这方面颇为擅长。某一次，她受邀参加了一个私人画展。因为参与画展的都是专业人士，所以大家都有很多的观点可以交流，往往这个人还没有对一幅画品评完，另一个人就把话头接了过去，场面极为热闹。大家都希望在这样一个专业人士的圈子里通过自我的表达来证明自己独特的观点和很强的专业性。在这些人都侃侃而谈的时候，颖儿一边认真欣赏着每一幅画作，一边聆听着各位的观点，偶尔附和几句来表达自己的认同感。

画展交流结束之后，颖儿意外地收到了主办方的下一次活动邀请。主办方很感激颖儿对画作的尊重，也感激她对前来交流的与会者的尊重。颖儿什么都没有做，可胜过他人做了很多，她只是用她的安静聆听给了他人最好的鼓励和尊重。

安静地聆听是一种力量，看似无声，实则有力！

初入职场的时候，我们这些新人都需要在公司会议上进行宣讲，谈一谈自己对工作的设想及一些发展的理念。作为职场菜鸟，在一个个“大佬”面前发言，难免会有些不安，生怕暴露自己的专业水平或者表达不当而产生不良的印象。尽管我们这些人慎之又慎，可总有些提心吊胆。在发言的时候，果然，我正讲着就忽然没有了底气，因为我看到有领导已经在交头接耳了。我的心里一阵打鼓，料想他们一定是对我所表达的内容不满意，原本建立起来的那点儿自信正在慢慢消逝。

然而，就在同一刻，我发现在我的侧面，有一双眼睛注视着我，当我的眼神和她的眼神交会的时候，她冲着我微微一笑，并点了点头。这个微笑和点头让我瞬间获得了动力，我感觉到那一刻至少有人还在聆听我，我就应把最好的一面展示出来。后来，我才知道我的发言得到了领导们的一致肯定。可是，我心中最感激的仍是那个在我慌乱的时候一直聆听着我的人，是她给了我最大的尊重。在后来的工作里，我一直对她有着一种特殊的情感，仿佛她有一种与众不同的魅力。

正式上班之后，我们这些新人之间有了一些交流。谈及这场入职宣讲，原来大家都有这样的感受：只要领导们交头接耳的时候，大家的心里就没有了底气，生怕是什么地方没有表达恰当，然而当发现有人认真聆听的时候，他们的那份底气又回来了，并且对这个人心怀感激。这大概就是聆听的力量吧！

以后的日子里，我始终记住那一天那一刻的感受。无论什么时候，我都尽力做那个认真聆听的人，因为我想让对方从我的身上也获得这种尊重。一个认真聆听的女人曾教会了我聆听的魅力，我相信我也曾把这种魅力传递给了另外的人。

“对别人述说自己，这是一种天性；认真对待别人向你叙说他自己的事，这是一种教养”，这是歌德眼中的聆听。在这个大文学家看来，表达自己是每个人天生具备的能力，可聆听他人却是后天培养出来的能力。因为聆听有时候意味着要放弃自己的立场，需要进入对方的世界和对方达成情感的共鸣。从这个角度来看，善于聆听不仅是一种尊重，而且是一种教养，是一件难能可贵的事。

当然，善于聆听并不是沉默不语而让对方自导自演。若要对方感觉到被聆听，你需要在适当的时候给予一些如点头、附和等简单的回应；也可以用一些简单的提问让对方有兴趣继续谈论下去；切不可直接抢过对方的话头来表达自己的观点。

“上帝给了人们两只耳朵、一张嘴，其实就是要我们多听少说”，一个善于聆听的人是一个会有效沟通的人，也是一个智慧的人。

愿你有口才，也有“耳才”。

拥有责任心，敢于承担

“一个人若是没有热情，他将一事无成，而热情的基点正是责任心”，责任心是一个人取得成就的基点，也是对一个人人格的最基本要求。它不仅是个人对自己、对他人、对家庭的一种情感和态度，也是对社会的一种责任上的自觉。

在一个能力一般而责任感强和一个能力出众而责任感一般的人中，人们往往会选择前者。因为有责任心的人能对他及所做的事情承担责任，让人有一种强烈的信任感。一个有责任心的人也许更辛苦，但他赢得的是事业和人生。

公司的某个项目出现了问题，当领导来小组问责的时候。不少同事立马开启了甩锅模式：“这个事不是我负责的”“我不知道这个部分是谁负责的”“我做的部分没出现过这个问题”……其实这个项目是大伙通宵赶制出来的，确实谁也没有注意谁具体负责了哪些细节部分，只是共同完成这项紧急任务，要具体追查到谁是挺难的事。大伙心知肚明，没有谁愿意出来背这个锅。

就在领导誓要把这事追查到底的时候，小栗子偏偏在这个时候站了出来："我不知道这个部分是不是我出了错，但既然我参与到了这个项目，错误也有我的一部分，我愿意把这个部分重做。"此时此刻站出来承担责任需要莫大的勇气，至少一定会有处罚。这个平时不善言辞的女孩居然能在关键时刻扛起事情。那一刻，所有人都对她刮目相看，仿佛她的形象一下高大了许多。

其实，在错误发生之后，追究谁对谁错并不是最重要的事，但责任终究需要有人承担，事情终究需要有人解决，有时候需要的只是一个担责的态度。

在那些习惯性推脱的言辞中，小栗子的这句话就像是一股清流瞬间熄灭了领导的怒火。依照流程，小栗子依然受到了一定的处罚。可自此之后，领导对其颇有好感并逐渐给了她一些新的发展平台。看似受了惩罚，其实有了新的发展机遇。

"这不是我的事""这和我没有关系""我不负责这个部分"……这些自保性的言论在我们的生活中几乎随处可以听到。"事不关己，高高挂起"似乎已经成为明哲保身的生存之道。就是这样简单的一句话，却暴露了你是一个没有责任心的人。从表面上看，这样的生存方式让自己有了短暂的舒适感，可像这样没有一定的担责能力，谁安心和你一同共事？谁放心把事情交到你的手里？谁愿意把真心托付于你？长此以往，不仅让你失去发展的机遇，也会失去人心。

的确，这些事情也许确实和你无关。可一个真正有责任感的人，就算事情不属于自己的责任范围之内，但只要和自己有关或和团队相关，她都会把它当成自己的事情去尽力完成或是弥补。这样的人才会让人产生信赖感，和这样的人共事才会有安全感，这样的人才会产生真正的向心力和凝聚力。

工作中如此，生活中亦然。作为一个女人，在事业和家庭中奔走确实是一件极为辛苦的事。然而，对孩子的教养和对父母的赡养是天然的使命感。

有些女人把自己的事业做得风生水起，却让自己的孩子从小生活在一个缺少陪伴的家庭里，还给了自己一个“我要忙事业，没时间管孩子”的冠冕堂皇的理由，只能靠物质来弥补对孩子的亏欠和寻找一种心理上的自我安慰。她们以为给一笔钱就是对孩子负责任了，最终不过是孩子没有教育好，她们和孩子之间也有着越来越深的情感隔阂，成为一生的遗憾。在外人看来功成名就的她们，其实是对家庭极其不负责任的失败者。因为她们满足了自我的成功，却输掉了孩子的人生，这样的人算得上敢于承担吗？真正有责任感的女人会靠自身的智慧在事业和家庭之间寻找到平衡点，会让自己的孩子在有爱的环境中成长，而不是物质的堆砌。

还有一种女人，她们信奉着快乐至上的原则，认为女人这一生应活得潇洒才算不负人生。于是，她们将时间都拿来用在自我的打扮和高大上的生活圈子里，拼尽全力去追求那些自己的经济能力达不到的虚荣生活，丝毫没有想过孩子的培养和父母正在过着怎样的生活。这样只顾着自己潇洒而不顾家庭的人，即使外表再光鲜亮丽或者生活再丰富多彩，她们依然是众人眼中虚荣的女人。

一个人的潇洒不是真正的快乐，一个家庭的温馨才是真正的幸福。真正有责任心的女人就算日子过得再清贫，她也会陪着父母、孩子在平凡的日子里甘之如饴。这样的女人即使看上去没有那么光鲜，却散发出女性应有的美。

人活在世间，都是在各种角色中切换，女人尤其如此。但只要拥有一颗真正的责任心，就会让每种角色都带给自己不同的幸福感。一个女人一旦明确了自己的责任，无论成功与否、幸或者不幸，她都拥有了做人的尊严。

高行动力，是成功的前提

“明日复明日，明日何其多。我生待明日，万事成蹉跎。”一个习惯性把事情拖延到明日的人，只会在虚度光阴中一事无成。只有具备高行动力，才会抵抗拖延症带来的不良影响，才会在实现想法的路上一步步到达成功的彼岸。

在工作中，你的行动力直接决定了工作的效率。没有一个团队愿意和做事磨蹭、没有工作主动性的人合作，这样的人直接拉低了整个团队的层次。高行动力的人对领导安排的任务能按时并提前完成，在这个基础之上，他们还具备一定的创造性，能在工作中打破固有的模式，用新的思路对原有的工作进行创新，激发整个团队的创造力和工作效益。在遇到问题的时候，他们不是抱怨或者忙于逃避责任，而是将时间用在如何解决问题之上；即使遭遇失败，他们也不会过于沉迷在情绪之中，而是积极反思并且重新尝试。

这样的人工作干脆利落，不拖泥带水，永远都有一种积极的正能量，给人一种职场精英的干练范儿，能让人心悦诚服地跟随，往往能成为一个团队的领导核心。

在生活中，你的行动力直接决定了你的生活品质。

只要一刷朋友圈，我们就能在其中读到很多的宣言，诸如“这个月要读多少本书”“我一定要减肥”“好羡慕字写得好的人”等。然而，等一个月过后，你会发现那个想读书的人的书依然在书架上没有开封，那个要减肥的人体重依然保持得很好，那个羡慕着字写得好的人连笔墨纸砚都没准备好……此类的事数不胜数。

在生活中，这类人的行动永远停留在计划里，做着思想的巨人和行动的矮子。其实，我们大多数人都有这样的习惯，常常将口号喊得响当当，就是不见有行动。好不容易下定决心去做某件事，但当阻力出现的时候，没有任何抗争就轻易放弃了。这样的方式是人之常情，这样的方式也注定了生活不会有任何惊喜的改变。

然而，也有些人默默地把自己的想法付诸行动，抵达了自己的目的地。

柳子在朋友圈消失了相当长的一段时间。后来，在别人朋友圈的一张合照中发现原本胖胖的她居然变成了苗条的大美女，皮肤也白皙了不少，而且听人说，她已经如愿成为一家杂志社的签约作者，这是她读书时候的梦想。

原来，在消失的这段时间里，柳子一直默默地在提升自己。

她给自己制订的长期规划中，一是减肥，二是写作。为了减肥，她戒掉了一向钟情的油炸和麻辣系列食品，而坚持吃水煮菜和高蛋白的食物。虽然是一个人生活，但她极为自律。她将一天的时间分割成几部分，一部分时间写作，一部分时间用来阅读，剩下的一部分时间就是锻炼，按时起床，准点睡觉，每天雷打不动地坚持。为了节约时间，她还割舍掉了一直以来追剧的习惯。

没有口号式的宣言，柳子用行动证明了自身的改变。当别人还在朋友圈里“矫情”的时候，柳子已经用这个时间做着她所想的事。因为她明白，计划永远都只是行动的前提而不是行动本身，即刻行动才是离成功最近的方式。

当然，还有一部分人并不是不想行动，她们只是顾虑这样的行动有没有意义或者这个时候才开始行动是不是太晚诸如此类的想法。“坐而思不如起而行”，一件事情有没有意义只有做过了才知道；当下开始就永远会比下一秒要早。没有亲身体验，光靠想怎么会知效果呢？想太多往往是行动最大的阻力。

读书的时候曾学过一篇《为学》的文言文，至今令我印象深刻。文中写了这样一个故事：在四川边境有两个和尚，他们一个贫穷，一个富有。那个穷和尚有想去南海的想法，并将其告诉了富和尚。在穷和尚看来，他仅需一个盛水的水瓶和一个盛饭的饭碗就能到达，而富和尚却认为这是无法实现的事。四川和南海距离有几千里的路，这些年，富和尚多次有到南海的想法，并想要雇船沿着长江下游而去都没有成行，何况就靠着水瓶和饭碗呢？然而第二年，穷和尚果然从南海回来了，并告诉了富和尚这一路的见闻，这令富和尚惭愧不已。

道理其实很简单，一个想，一个做，行动力决定了事情的成败。

有人说，“种一棵树最好的时间是在十年前，其次是现在”，任何事什么时候开始都不晚。只有当下行动，才能收获成功的果实。没有行动，就不会有成功。

有自己的风骨和坚持

风骨，顾名思义，就是一个人的风度和骨气。“采菊东篱下，悠然见南山”是陶渊明的风骨；“安能摧眉折腰事权贵，使我不得开心颜”是李白的风骨；“老骥伏枥，志在千里”是曹操的风骨；“苟利国家生死以，岂因祸福避趋之”是林则徐的风骨。古往今来，那些有风骨的人都受到了众人发自内心的尊重和敬佩。

如今这个时代，每个人都有了人格的自由，已经不需要我们冲锋陷阵，也不需要我们屈从于权威之下，但风骨仍是一个人傲立于世的底气。有了风骨，才有了按自己的方式生活的资本。作为一个追求自我的新女性，风骨更是必不可少。在我看来，一个女子的风骨应是娇而不媚，柔中有刚，骨子里有自己的坚持。

张幼仪将女子的风骨活到了极致。张幼仪出身于声势显赫的望族，在包办婚姻之下和徐志摩结合。一个是新时代的青年，一个是传统教育下的女子，两人的思想自然产生了巨大的分歧。即使婚后的张幼仪做到了一个女子该有的温柔以及顺从，但徐志摩依然对其百般厌弃，甚至称其为“土包子”。

留学期间，徐志摩遇到了妙龄少女林徽因，两人因彼此的才情和思想而吸引。徐志摩不可救药地爱上了林徽因，完全不顾自己已有家室的身份。在异国他乡陪读的张幼仪此时正怀有身孕，得到的却是徐志摩要其打掉孩子并离婚的要求。

向往着的婚姻是相夫教子的平平淡淡，却没想到是这炼狱般的煎熬。当一段感情已经走到了尽头，纠缠最为难堪。张幼仪不愿成为这样一个没有骨气的女子，她在离婚协议上签了字，成全了徐志摩要做全中国第一个离婚的人的宣言。

离婚的张幼仪，从徐志摩眼中的“土包子”成为许多人眼中的女神。她先是在德国习得了一口流利的德语，顺利完成了幼儿教育专业学习。回国之后，张幼仪和人合伙开起了云裳服装公司，作为主营人的她在服装款式上做了大胆创新，将东方和西方服饰的美相结合，让其成为上海最时尚的服装品牌，而她也一跃成为上海滩的风云女性。后来，在他人的盛情邀请下，张幼仪更是出任了上海女子商业储蓄银行总裁。在她的经营下，原本面临倒闭的银行迎来了资本的新高峰，创造了金融界的奇迹。即使在民国时期最动荡的那些年，这家银行也风雨不倒。

试问，世间有几个女子能做到这般？

我能为你卑微到尘土里，也能活成你望尘莫及的样子。外柔是我的形象，内刚则是我的姿态。在命运的悲苦中韬光养晦，将尊严和人格的独立融入生命里，能适当地低头，也能倔强地昂起头，勇敢地成全自我，活出一个女子真正的本色。

女人的美，在骨不在皮。这样的女人怎么会不受人尊重？

可惜的是，当下时代仍有不少女性成了婚姻的附属品。她们放弃了自己的事业和人生，安心于做全职太太，将丈夫和孩子视为生命中的一切，倾尽所有为其付出，直到完全失去了自我。在她们的生活里，如何留住丈夫的心，如何把日子过好就是所有的意义。一旦这样的生活出现了变故，她们的人生就彻底崩塌。除了怨恨命运的不公和以眼泪赚得同情之外，没有重新站起来的勇气和实力。

这样的不幸更多的是归于她们的选择。丢失了婚姻并不可怕，可怕的是在婚姻中失去了自我。作为女人，在婚姻中有自己的风骨和坚持才能让男人更珍视你。

有些女人并不将自我捆绑在婚姻中，而将事业作为人生的追求，这本是好事。可为了所谓的事业，她们情愿对那些有利于自己事业的人低眉顺眼，一味地接受对方无理的要求。殊不知，这样的顺从已让你在对方的心中一文不值。

知道什么该做，什么不该做，什么该争取，什么不该接受，脚踏实地提升自己，在逆境前不轻易言弃，靠拼搏和实力赢得自己想要的事业，以能力和魅力获得众人的掌声和支持，这才是一个女人在工作中的风骨与坚持，也才能发展长久。

一个女人只有拥有了风骨和坚持，才能活出自我的真性情，达到心灵的真正自由。不依附，不轻易屈服，坚守自我，这样的女人既让人怜爱，也让人敬佩！

Chapter 3

社交情商：驾驭生活的智慧

有时，拒绝和勇敢反击并不是不善，隐藏或有选择地保留也不是不真，它不过是每一个人该有的锋芒。只有该心硬的时候心软，才是对自己最大的不善和不真诚！因为真正的善良和真诚是智慧而有度的。善与不善或真诚与否，不在世人的评价，而在你的内心。愿你的善良和真诚不低贱，有它该有的贵气。

把话说周全的艺术

人和人之间的交流往往需要通过语言，而这语言有着无穷的力量。一句得体的话能成为人和人之间关系的润滑剂，而一句不中听的话则会像一把匕首切断了彼此关系的退路。即使表达同样的事情，用不同的表达方式和不同的语气说出来，其效果也有很大的差别。所以说，说话是一门艺术，把话说周全是艺术中的艺术。话说不周全的人，有时出口就得罪人，有时含糊的表达给自己制造了不少麻烦；说话周全的人，不仅能让对方感觉到舒服，而且能在不知不觉中达到沟通的效果。

我是央视《诗词大会》的忠实粉丝。印象最深的是有一期，有一个仅读了四年书，却对诗词爱到骨子里的农民来参加挑战。站在这么大的舞台上，这个大叔自然有一些忐忑，浑身透露出一种不自在。董卿微微一笑，以极温暖的语气对大叔说："即便您答错了，那也是这个现场里，一个最美丽的错误。"这句话瞬间缓解了大叔的紧张，也让这个大叔对答对或答错并没有那么在意。

把话说周全就是能站在对方的角度为对方考虑，巧妙地化解对方的尴尬。

闺蜜前几天和我讲起一件令她极其气愤的事。她和一个远房亲戚家的小女孩有十来年没见了，前段时间，闺蜜的妈妈带着她一起到那个亲戚家拜访。为此，她和妈妈都精心打扮了一番，还特意买了一些礼物。结果刚一见面，那个女孩就冲着闺蜜说了一句“哇，姐姐都长这么高啦”，闺蜜以为接下来是夸她的话，没想到女孩竟说“可惜就是皮肤太黑了，不然一定是个美女”。这还没完，她对闺蜜的妈妈也做了一番点评，“阿姨还是那么年轻，就是也有点儿发际线的问题了，还是要多注意一下”。闺蜜说，要不是她按住了她妈妈，估计当场就要翻脸了。好在女孩的姐姐适时地缓解了一下气氛：“哎呀，阿姨，您的女儿小时候看起来就与众不同，现在就更是个美人坯子啦。阿姨也是，还是同那个时候一样亲切、和蔼，让人看着就觉得性格温柔，格外好相处，怪不得我们都喜欢您。”

这个姐姐这波“蜜”一灌，倒是让闺蜜和她的妈妈没有了发脾气的理由。闺蜜说，她也明白那个女孩的话并没有恶意，就是直性子讲真话，可是听起来就是让人觉得很不舒服。搁谁，谁也不会舒服。会说话的人不会在众人面前直言不讳地指出别人不自信的地方，更何况像皮肤黑、发际线这类的问题是难以改变的事实。说到底，是说话没有分寸感，不懂得从内心里尊重他人。

真话固然可贵，可有时过于直接则会弄巧成拙，让人难以下台，甚至伤害到对方的内心。懂得把话说周全的人，不会以说真话的名义，行伤人之实。他们会注意场合和情景把真话艺术化地表达出来，让对方有一个可接受的空间。

把话说周全的人，有一个重要的特点就是不会把话说“死”。当别人寻求他们帮助的时候，他们不会因为讨好或是为了显示自己的能力而满口应承，他们会理性地考虑现有的状况，或是巧妙地拒绝，或是表示“愿意试一试”这样的表达。把话应承“死”了，若是没有做到，比拒绝的后果更严重。同样，在和别人发生冲突的时候，他们也不会有过激的话，会给自己留有一条退路。

其实，一个人的人际关系有很大程度在于其说话的艺术，谁都愿意和一个说话给人舒服感觉的人相处。当然，把话说周全不是一日之功，它需要一个人的知识储备和在日常生活中的不断积累，最重要的是有一颗实实在在为他人考虑的心。

知世故而不世故，是最大的善良

在这个纷繁复杂的社会里，与不同的人和事打交道是每个人的必修课。有人在这个过程中逐渐迷失了自己，成为过于功利的人；而有些人虽陷在泥淖之中，却能一面处理好人和事的关系，一面保留着那个心底最真实的自我。因为有些人仅学会了世故，而另一些人同时做到了不世故。

不知世故的人容易陷入生活的泥淖，没有灵活应对复杂人事的承受力和能力。只有在现实的生活中经受磨炼，认清生活不同的面貌才能真正懂得生活。饱经世故而不世故的人理解了生活的苦难，才能和生活达成真正的和解，明白何为大善。

琳子从小在一个条件优越的家庭长大，父母什么场合都会带上她，让她认识不同层次的人。在这些场合中耳濡目染，琳子对人际关系这一套非常熟络，也比一般的年轻人早熟知社会的生存规则。可另一方面，父母在琳子的成长教育上也极为严格，让其靠着自己的努力来获得想要的东西，以实力来安身立命。

在朋友的选择上，父母从不限制她与家庭条件怎样或能力怎样的人来往，甚至主动邀请她的朋友来家里做客或者一起出去游玩，也会常常让琳子给他们讲讲她和朋友之间发生的事情。他们会在这些交往的过程中以具体的细节教会琳子认清哪些是值得深交的，哪些是表面之交，关键在于人品。

入职场之前，琳子就已经将这些人情世故了然于胸。

初入职场之后，琳子以普通员工的身份从底层开始奋斗，就是一个简简单单的年轻女孩。当有些同事挤破脑袋捧着领导或拉帮结派的时候，琳子却在安安心心做着自己的事；论关系，她也不会比其他员工少，公司有一来就表明自己关系硬的人物，大家都得给这样的人几分面子，可琳子不一样，她就想凭着自己的实力来证明自己。

公司每年有一次出国交流的机会，可以通过员工投票决定人选。通知下发以后，不少人就开始了四处拉票的路子。结果，没有任何动作的琳子成为预定的人选。好事的员工便开始散播谣言，说是琳子私底下请领导吃饭，甚至传言是和领导关系亲密。这样的诋毁让琳子非常不舒服，她理解对方的嫉妒心，也懂得人性的本质，能化解心里的委屈，可她记住了这个人的为人，自此以后会远离她。

可笑的是，最终这个散播谣言的人打通了高层的关系取代了琳子。她还假惺惺地和琳子表示歉意，并解释是看在她在公司服务年限更长的资格上。

琳子心知肚明，她只是不想拆穿。她也完全可以用类似的手段来对付对方，可她没有。若是这样的话，她和这个表里不一的世俗嘴脸又有什么区别呢？

明明对社会的世俗之面看得很透彻，也能用世俗的手段在职场上混得风生水起，可依然选择靠着脚踏实地来获得成就感，选择在待人接物中保持一份真诚。即使被套路刺伤，也不会以套路还击，只因为理解别人对现实的屈服，而不愿让自己成为那般现实的人，这才是真正的至诚与善良吧！

如今的社会，多少本是纯真的人一旦进入社会，慢慢认清社会的生存规则之后，就失去了本心，而变成左右逢源，工于心计之人；有些则在失望过后对这个社会没有了热忱之心，除了自身以外的事情都漠不关心。

曾偶然间在“知乎”上读过一段话，却一直留在我的印象中：有个人家中有祖传的三只猴子，它们和其他的猴子不一样，甚至有些奇怪，一只捂着眼睛，一只捂着嘴巴，一只捂着耳朵。爸爸告诉他，这就是不看不说不听，就是学会事不关己。

回想起来，这猴子像极了那些在经历一些世事之后的人，他们不过是学会了对这个世间的人和事漠视的世故，而忘记了让自己真正高贵的不世故。

关于知世故而不世故，罗曼·罗兰有一句非常重要的话，“世界上只有一种真正的英雄主义，那就是认清生活的真相后还依然热爱生活”，这才是真正的通透，这才是对自身和人间最大的善。身在世俗之内，心在世俗之外，方得真自由！

情商越高，越懂得拒绝

面子，是每个人都想争的东西。为了顾及所谓的情面，我们常常甘愿或不甘愿地接受别人有理或者无理的请求，最终结果就是委屈了自己，而事情也没有达到理想的效果。勇于说“不”，似乎是我们大多数人生活中遇到的难题。

所谓的老好人，就是对那些不会拒绝的人的专用词语。这类人看上去温柔厚道，做事情却没有原则性，对他人的要求从来都是无条件答应。在他们看来，拒绝了别人就可能会让对方生气而影响彼此的关系，他们不愿意做这种得罪人的事，靠着这样的“帮忙”来维持彼此的关系；又或者是他们希望在满足对方的要求中获得一种来自他人的认可和赞扬，证明自己是一个有能力和有人缘的人。若是出于一种善意的角度，这类人也可能是担心自己的拒绝会让对方难受而心生愧疚。

无论是怎样的原因，做老好人是一件很累的事。他们为身边的人不停地付出，为此不惜牺牲自己的休息和娱乐时间，甚至把他人的要求置于自己的需求之上，还总害怕自己所做的事情不尽如人意。可是到头来，别人不一定领情，并且还把老好人对自己的帮助当作一种理所当然的事，“你去找那谁吧，他一定会帮你的”“我这么相信你，你怎么把事情做成这样呢”。在他人的眼中，老好人其实是最没存在感的一类人，因为没有威胁感，没有魄力，好敷衍，可欺负！

阿洋是圈子内出了名的老好人。朋友们邀她去逛街，即使是有工作需要忙，也会先陪着朋友逛街，晚上再加班完成工作；同事要其陪着加班，就算忍着身体不适也会坚持到底；不喜欢的聚会，她也不会扫了大家的兴而一起参加……总之，只要别人有需要，她就可以随时牺牲自己。她以为这样的付出就能获得真心，她以为别人对她的客气和笑脸相迎就是好人缘。

可是，阿洋出车祸住院期间，来看她的朋友却没有几个；她作为公司代表外出交流之后，和她主动联系的也没有几个……阿洋曾有放弃过当老好人的想法，只是多年的习惯让她没有这样的底气。而这几次的伤害将那些郁积在心中的负能量瞬间点燃了，阿洋仿佛看透了人世一般，对所有的人和事都看淡了。她将自己封闭起来，没有了主动联系他人的想法，也对他人的联系忽冷忽热。没有人理解阿洋怎么会突然变成这样，阿洋也不想成为这样，只是她也不明白该是什么样。

不懂拒绝，终究是一场凉。

高情商的人会用直接或委婉的拒绝来代替不情愿的答应，行与不行都会给对方一个确切的答复，而不会拖泥带水，给彼此带来不必要的困扰。

在拒绝他人之前，他们会认真倾听自己内心的声音，遵从内心最真实的想法。在拒绝他人之时，他们的态度是礼貌而坚定的，既让对方感受到自己的态度，又给对方留有退步的台阶。在条件允许之下，他们会给对方提供一些建议，让他们有更多选择的可能。如果实在一时间做不了决定，他们也会直接告诉对方他们需要考虑的时间，而不会因为磨不开情面而当下做决定，事后又反悔，让彼此为难。

若是担心对方没有足够的承受力，高情商的人拥有着一定的拒绝技巧，他们往往会运用“我很想帮你，但是……”“其实一个更专业的人士也许……”“对不起，我可能……”等表达来缓和气氛，让对方有一个心理预设。

“不要害怕拒绝他人，如果自己的理由出于正当，当一个人开口提出要求的时候，他的心里根本就已经预备好了两种答案。所以，给他任何一个其中的答案，都是意料中的。”这是三毛对于拒绝的理解。接受拒绝是一个人基本的承受力，如果一个人因为你的拒绝而就此和你疏远，你们之间的关系也必定是脆弱的。真正的朋友会在发出请求时就以“你要是不方便，就直接告诉我”等来替你着想。

只要你的表达得体，给对方一个适当的台阶，就算是拒绝，对你们彼此都不会有影响。拒绝并不是伤害，不懂拒绝才是。

懂得拒绝，是给自己解绑，也是对他人的尊重。

从细微处见真章

判断一个人能从他的主体行为有一个整体的论断，而要真正看懂一个人需要从细微之处入手。所谓的细节，可以是一个人靠本能反应做出来的事，也可以是关切到他利益之事的反应，又或者是他生气的时候对人或事的态度等。

有时通过某一个肢体动作，有时是一个眼神，有时是一个微表情的变化等，就能捕捉到这个人的内心状态，这些就是细节里对一个人的折射。

我们常说一个人好暖，可能就是他在和朋友过马路的时候让朋友走在内侧；就是在有人坐公交车没有零钱也没有卡的时候为他化解尴尬；就是在服务员不小心犯错的时候不仅没有责备而反过来安慰对方的行为等。暖不仅是在言语，也是在细节中的行动，细节的东西才是真正打动人内心的东西。

而有时候让一个人隐藏的东西暴露出来的往往也是细节。

黎子的圈子里都是一些高素质的友人，这种高素质是指她们不仅人品好，在为人处世等细节方面也能处理得非常漂亮。一个高素质的人自然能吸引高素质的人，可若是身边都是一些连细节都做得好的人，那这个也颇为厉害了。后来，黎子分享了她的一个深交原则，就是在细节里能通过她这关的人，她才会信得过。

看人看细节，做人也要注重细节，这是她处世的方式。

黎子曾经经人介绍认识一个精英女性。据说，这个朋友热情大方，对身边的人极其照顾，为人处世被不少人夸赞，在圈子内颇有人缘。某次，黎子到这个人家做客。这个朋友倒是热情得很，笑脸相迎，端茶倒水，无不周到。闲聊的时候，黎子发现每一次她讲话的时候，这个朋友都会微笑着倾听并且给予适当的回应；而当她需要讲话的时候，她也是以温柔的语气让黎子感觉到很舒适。聊得正起劲儿的时候，保姆买菜回来了，黎子发现这个朋友还向保姆微笑着打招呼。

这些行为都体现出了这个朋友的素质，可一个小细节却让黎子从心里失去了与她交朋友的想法。当黎子从书房出来的时候，她正在训斥那个比她年纪大很多的保姆："你一进门，我就笑着给你打招呼，你倒好，一个笑就像是挤出来的一样，想让我的朋友觉得是我对你不好吗？"保姆低着头，完全没有反驳的想法。

当发现黎子出现的时候，她立马换回了笑脸："没事，她有个地方没做好，我教一下她。怎么样，书房里的布置可以吗？"书房里的布置确实体现了很好的文化氛围，甚至是颇有品位。可这个人已经不在黎子的交友范围里，因为她并不是从心底里尊重人，她的本来面貌也不是外人所传的那样，那不过是她的社交形象。

一个真正会尊重人和内心柔和的人不会有这样的"变脸"，也不会对一个人格平等的人做这样居高临下的指责。细节之下，立判高下。看人不应看她的社会形象，那是经过包装的，而应在真实的生活中感受她言谈举止中的细节，那是真正暴露人品和检验素养的地方。凡是做出来的样子都需要窥探她背后的言行。

就是这样选择朋友的标准，黎子身边的人都那么值得她信赖。同样，她也是这样一个在细节中能经得起考验的人。

有些女人表面上光鲜亮丽，言谈举止间都是优雅，有大众眼中的女神范儿，在权贵面前露出的是谄媚的笑容，而对她没有助益的人则显出一副高冷的姿态；有些女人在大众面前表现出来的是温柔大度的样子，当面对自己竞争对手的时候故作无所谓的推让，却在有意无意间说着有损对方形象的话……

每个人都想成为看起来招人喜欢的样子，表现出来的是较完美的一面。只有在细节中才能体现出一个人最本真的一面，而别人也会在细节中判断我们是一个怎样的人。注重细节，从细微之处见真章，你才能不被蒙蔽，发现这个世界最真实的一面。要相信，那些看起来平凡的人有时也有着一个高贵的灵魂。

处理好各种复杂的人际关系

人际关系是人与人在交往过程中所形成的心理关系，它具有一定的复杂性，需要一个人的智慧。在生活中因人际关系而苦恼的比比皆是，一个人人际关系的好坏往往关系到他在生活中的幸福感，而能够把人际关系处理得游刃有余的人一定具有较高的情商。在当今社会，人际关系显得尤为重要。怎么处理好各种复杂的人际关系是一个人的必修课，也是幸福之课。

莉姐处理人际关系的撒手锏是把他人放在眼中。莉姐是闺蜜公司的主管，在公司颇得人心。明明闺蜜常常被留下来加班，但在她的嘴里听到的不是对主管的抱怨，或是被描述成那种想象中的压榨员工的女魔头，反而是对主管一脸的敬佩，甚至有时还心甘情愿地加班，这倒是让人十分好奇莉姐是何来头。

听闺蜜讲起过莉姐的几件事情，从中也能猜出些许：

莉姐能准确地说出每个员工的生日并在每个员工生日的时候送上祝福，像员工结婚、生孩子等这样的人生大事她都会亲自到场祝福。但凡员工有好消息，她都能第一时间给予她鼓励与支持；而员工如果最近发生不好的事情，她也会适当地减少员工的加班量，给她一定的缓冲时间。诸如此类的事情还有很多，这种人情上的通达让员工获得了一种人情味，找到了归属感，自然对其亲近几分。

在工作的过程中，莉姐能在每个细小的事情中找到关键点来肯定员工，也会当面或在背后夸奖员工的长处。她通常能发现员工的闪光点并提供给他一个适合发展的平台，并尽她的能力让他在这个适合的平台走得越来越远，从不会因为某个人表现突出或盖过她的风头等而生出不平衡的心理。员工做出来的业绩，她从不邀功，是谁的就极力推荐谁；员工加班的努力，她都会力争让其他人看到。

就是这样，大伙都觉得跟着莉姐一起工作让自己的价值充分得到了体现，并产生一种工作的愉悦感，莉姐自然也受大家的欢迎。其实提炼一下莉姐的这些行为，无非就是有人情味、善于发现优点、不嫉妒、不邀功等。作为领导如此，作为普通员工，乃至生活中也是如此。

每个人都渴望被关怀，在人际关系中给予他人心灵上的慰藉远比你表面上的奉承更能拉近距离；而每个人也都渴望被看见，你能发现对方身上的优点并将其放大，自然让对方感受到你对他的肯定和重视。嫉妒和邀功则是横在人际关系中的巨木，你嫉妒一个人自然不会从内心里希望对方好，这点对方自然也能感觉到，你们之间的距离永远都有阻碍；你邀了他人的功而往上爬能让对方从此远离你。

其实，拉近人际关系有一个重要法宝就是帮人于难处。所谓锦上添花易，雪中送炭难，越是顺势的时候，就越有人添彩，越是落魄的时候，就越是被人轻视。可是锦上添花的未必能被人记住，而雪中送炭时定能让人记一辈子。高情商的女人懂得在他人落难之时伸出援助之手，哪怕是举手之劳，也会尽上自己的一点儿力。这样的力尽多了，你在落难时就会有人来助你，人和人之间的关系就这样在你来我往中慢慢地深厚，而说到底，你也让自己的路越走越宽。

人际关系中重要的一条就是记住别人对你的好而忘记你对别人的好。曾经有这样一个经典的故事：两个在沙漠中旅行的人，因为小事而起了争执。其中一个人在情绪激动下打了另一人，被打的人并没有还击对方，而是在沙子上写下他被朋友扇了一耳光的事。等他们走出沙漠之时，那个被打的人在绿洲中差点儿被淹死，是那个打他的人救了他一命。这一次，他在石头上刻下了他的朋友救他一命的事。

事后，救人者追问他为何一次要写在沙子里，一次要刻在石头上。“当被一个朋友伤害时，要写在容易忘记的地方，风会负责抹去它；相反，如果被朋友帮助，要把它刻在心灵的深处，那里任何风都不能磨灭它。”这是他的回答。

人际关系那么复杂，没有人能在各个方面都能很好地顾全。如果我们把生活中的不如意或他人给我们的委屈全都留在心里，那只会让我们的心被不愉快的记忆填满，这样只会影响到我们对待他人的态度，从而影响彼此的关系；如果我们能遗忘那些已经发生过的不愉快的过往，而记住那些他人对我们的好，我们就能以更包容的心去接纳他人，自然也能获得更多的人缘。

总之，人际关系的好坏在于生活中点点滴滴的行为，在于你的个人智慧。

吃亏是福，嘴下留德，凡事留一条后路

最近办公室两个年轻女孩之间发生了一场撕斗戏。这两个女孩毕业之后同时分配到公司，作为新来的两个“小菜鸟”一下融入不到新的集体，自然是相依为命。两人租了同一个房子，同吃、同住、同出行。小鱼家在郊区，周末还经常带文文到家中吃住，关系可谓相当好。但前段时间，公司进行业务考核，有一笔资金用来奖励年轻的员工，最终竞争力最大的就是这两个年轻女孩。

公司以一个月为期限，再给两人一个竞争的机会，也是一个考验的机会。两个女孩心中明白，这不仅是一笔资金，也是公司对未来之星的选拔，谁都想争取一把。两个女孩先是各自拼业务，力争这个名额，后来小鱼觉得有些力不从心，便试图说服文文把这个机会让给自己。她先是表达了这个名额对自己的重要性，并向文文保证，如果文文愿意放弃，她能做其他任何形式的弥补。

本是公平竞争，文文没想到自己的朋友居然会打这样的“施舍牌”。文文虽然有些生气，但还是平静地拒绝了小鱼的请求，依然决定全力以赴争取这个名额。两人你一言，我一语，情绪越来越激动。小鱼甚至拿文文在她家吃饭的事来说：“你到我家来的时候，我爸妈哪次不是对你客客气气的，他们对你多好，你自己心里有数。我们家招待过你多少次，你呢，带我去过你家吗？现在你倒是翻脸不认人了，我不过就是要你让个名额而已，你当报个恩都不行吗？如果你抢了这个名额，你以后到我家去吃饭还好意思吗，见着我爸妈说什么呢？”

听完这些，文文已经没有任何想要辩驳的话。她退出了这次竞争，搬出了她们一起住的家，也再没有去过小鱼家里，她们两个就这样变成了陌生人。小鱼如愿拿到了奖金，被送去精英班培训，本是公司重点培养的新人，可她的晋升路上多了一个最大的“敌人”——文文。从那之后，文文比之前更加拼命，她所有的动力都来自打败小鱼，绝不客气，也绝不心软的那一种。

原本可以互相扶持的两个前途大好的年轻人，后来变成了彼此前进路上最大的掣肘。如果没有被一时的功利心蒙蔽，如果能吃得了一时之亏，留得了一时之口德，不去伤害一个人的自尊心，怎么会到最后连和解的余地都没有？

像这样的事在社会中尚属小事，为了个人利益而不顾一切的大有人在，吃亏似乎已经在很多人的字典中删除了。为了蝇头小利，不惜和对方开骂；为了占一时之上风，把那些最难听的话用来堵住对方的嘴；为了让自己心里的气顺，不惜代价让对方输得难堪……这样的行为赢得了眼前的小利，却失去了人生的大贵。

相反，那些愿意吃亏的人看上去似乎是“傻瓜”，却是人生长远发展的胜利者。他们忍得了一时之气，能免去很多由冲动引发的不良后果；他们宽以待人，拥有宽广的胸怀，能容人所不能容之事和人。于是，他们获得了好的人缘，而好的人缘给他们带来了更多的机会，而机会提供给了他们人生发展更多的可能。

吃亏是福是让一个人保持着平和和乐观的心态，并不意味着做一个老好人。该争取的依然要靠正当的、有智慧的方法来争取，不过是在你争取的过程中不必逞一时之能或在于一时之得失，懂得有度的忍和适时的谦卑，把目光看得长远，给自己，也给他人多留一条退路，别因短暂的获得而失掉人品和格局。

脾气永远不要大于能力

关于脾气，人们通常把它划分成四个等级：最低的层次是没本事有脾气，然后是没本事没脾气，其次是有本事有脾气，而最高的层次是有本事没脾气。越是有本事的人越是没脾气，而越是没本事的人脾气越大。那么，你是属于哪一种呢?

脾气是每个人与生俱来的习性，控制脾气是一个人后天习得的素养。发脾气一时爽，结果带来的是一系列麻烦。高情商的人永远不会让自己的脾气大于能力。

有些人仗着自己有点儿小权势，便把眼睛长到了头顶上，对比自己职位稍低的人颐指气使。之前工作的单位有一个主管就是这样的人，整天指挥着我们这些新人做这个、做那个，稍微做不到位就恶言伤人，"这么点儿事情都做不好，你还能做点儿什么""你这样的能力怎么留到我们公司""说了让你怎么做，你耳朵不好使吧""你这样的水平，谁愿意教你"……要是你去问她点儿什么，她一定会直接把你怼回来，"这么点儿事情都来问我，我是替你们解决疑问的吗?"因为她是我们的直接主管，我们只能默默听着，让自己养成“左耳朵进，右耳朵出”的本领。

正是因为这样，这个组就没几个真正和她齐心的。一个团队如果不是一条心，那工作效果可想而知。几次月底考核，我们这个组都是垫底。这个主管也着急了，便一个劲儿地往我们身上施压。越是施压，越是心烦气躁，做事越没有章法。主管也意识到了这条途径走不通，终于开始打感情牌和走温情路线，连哄带骗地让我们把业绩拉上去。然而，冰冻三尺非一日之寒，这个时候才来这一招已经挽救不了民心了。虽然最终的垫底让我们这些虾兵蟹将都没有拿到奖金，但令大伙欣慰的是我们终于摆脱了这个主管的“黑暗统治”——她被公司劝退了。

离职，对她来说也许有些残忍，可她也应为自己的脾气交上这一课的学费。若是她继续在现有的岗位以这样的方式工作，她的人生不会有新的发展。

无论你处于什么地位，有怎样的人生资本，你都没有权利对他人吆三喝四，也没有人有义务承担你的坏脾气。当你的能力没有办法解决你发脾气所引发的问题时，你就应学会控制好你的脾气。否则，你就必须承受你的坏脾气给你的教训。

后来的新主管和前主管的方式完全不同。当我们工作不到位的时候，她依然会指出我们的问题，但就事论事，绝不会延伸到对个人的攻击上。对于我们请教的问题，如果她方便回答的就会及时解答，如果认为这个不是她职责范围内的，她会以礼貌的方式给我们提建议。她以她的好脾气先收服了人心，大伙自然愿意全力以赴干出业绩，而这样的业绩反过来也成为她往上发展的梯子。这就好比“得道者多助，失道者寡助”，好脾气的人自然能让人心甘情愿地相助。

如今这个时代，每个人都有自己的个性，早已过了那个靠权威来压迫着人做事的年代了。你只有赢得了人心，众人才会真心跟随你，否则你就会处处受阻。而要赢得人心，重要的一条就是好脾气，这是对人的基本尊重。

不仅在工作场上，在生活中也是如此。没有人会包容你的小性子，看你的脸色，你喜欢放狠话，你就要为你放出的狠话付出代价；你喜欢撂挑子，你就要自己去收拾残局。有些人受了点儿委屈，动不动要辞职，那你就不要指望有人会挽留你，除非你是单位里不可或缺的人，否则你的离开不会给其他人带来任何影响，只会让你丢了一份工作而已。事实上，一个单位离不开的人有几个呢？有些人和别人意见不合或对方没有顺自己的意，就冲对方甩脸色，今天和这个生气，明天和那个绝交，最终弄得“众叛亲离”，连回旋的余地都没有。你冲人发了脾气，难道还指望着人家来哄你不成，你在人家心中有这样的地位吗？

生活从来都不是象牙塔，不能随你的性子而为。做一个真正有能力的人，先从修炼你的脾气开始。如果对方做错了，你完全没有必要发脾气，这是拿别人的错误惩罚自己；如果你做错了，你完全没有资格发脾气，这只能是错上加错。

有本事没脾气的人，你能修炼到吗？

善意和真诚也须有度

人需要善良吗？这是毋庸置疑的。人需要真诚吗？这也无可厚非！善良和真诚是一个人身上最闪光的品质之一。那些善良和真诚的人往往有一种让人相处起来没有压力的踏实感，他们是值得信任的，也让这人间更和谐友爱。或者说，善良和真诚是做人的根本。所以，我们都推崇并赞颂它们。

从小到大，我们接受的就是做人要善良和真诚的教育。可是为什么越来越多善良和真诚的人感觉到这样的自己反而过得不幸福了呢？一直以来，我们被培养的和被极力鼓励的就是这样的标准啊！那是因为，你的善良和真诚没有锋芒。

表妹刚从大学毕业的时候和大学同学一起在外面合租了房子。其实，表妹并不是那么乐意和这个同学住，因为大学时候虽然接触不多，但能在平常一些事情中看出来这并不是一个很好相处的人。可当大学同学主动找到表妹并表示她马上就要工作没有时间来找人合租的时候，表妹还是勉强答应了。

结果定房的那天，同学就以工作忙的理由让表妹先把两人的定金一起付了。表妹虽然有千百个不乐意，但还是看在要同住的分儿上做了这件事。没想到刚住没多久，同学就把工作换了，并提出要到离她单位近一点儿的地方租房。

那么辛苦才找到房子并且刚把东西搬过来整理好就要搬，表妹这下生气了，也嘟嘟囔囔地说了一声："你想搬的话你就搬吧，我继续住在这里。"同学便开始打起各种感情牌，诸如"你忍心看我每天起这么早地来回奔波吗""我知道你人最好最善良了""你一定要帮我，你不帮我我就没办法了"……

在这番"攻势"之下，表妹最终还是当了那个善良的人。而搬了之后的日子可想而知，但凡同学想要做的事，表妹都必须支持。如果不支持的话，同学只要抓住表妹心中的软肋来几波哭诉就行了。于是，表妹一边委屈着，一边妥协着。即使住得不愉快，也这么将就着住了下去。每次别人劝她搬的时候，她还替同学说话，什么"算了，也就住那么长时间""其实她也挺不容易的"……

这下算是让人明白了什么是可怜之人必有可恨之处了，任由他人逮住善良的辫子而随意摆弄，毫无还击之力，这不是自找的吗？

表妹认为善良是她的本分，就和有些人认为只有坦诚对人才是对得起自己和他人一样。不分对象，不分场合，不分事情的轻重，对他人毫无保留。这样的人最容易被人利用，毕竟这个社会并不是每个人都善良，玩权谋的大有人在，正如王尔德所说："不够真诚是危险的，太真诚绝对是致命的。”只要稍微留心一下你身边的人，就会发现那些在工作和生活中容易受伤的往往是过于真诚的人。

过于善良，就会让别人以为你软弱可欺而一味地得寸进尺；过于真诚，则容易让人掐住你的软肋，往往就会是“被卖了还帮人数钞票”的结果。

就好比仙人掌，它满身的刺并不是为了主动攻击他人，而是在别人来攻击它的时候有保护自己的能力。我们的善良和真诚就应带上仙人掌般的刺，不会主动伤害他人，可是一旦自己面临威胁，也能警告他人自己并不是任人欺负的。

你没有义务对每一个人都掏心掏肺，也无须让别人来评判你是不是一个好人。那些真心实意对你好的人或那些同样善良和真诚的人，你能以这样的方式和他们相处；那些只会得寸进尺或在背地里使绊子的人，你可以藏起你的一部分善意和真诚，因为他们不值得，所以这样才是真正的自我保护。

有时，拒绝和勇敢反击并不是不善，隐藏或有选择地保留也不是不真，它不过是每一个人该有的锋芒。只有该心硬的时候心软，才是对自己最大的不善和不真诚！因为真正的善良和真诚是智慧而有度的。善与不善或真诚与否，不在于世人的评价，而在于你的内心。愿你的善良和真诚不低贱，有它该有的贵气。

Chapter 4

职场情商：女性的最佳竞争力

随着我们年龄的增长，我们会发现身边那些八面玲珑的人越来越多，而我们也在不知不觉中成为这样的人。真真假假，假假真真，真亦假时假亦真，就这样在真假之中麻木地周旋。看似相交甚好的背后，我们却找不到一个能表达真实自我的灵魂。每每这时，你是否也会怀念那个曾经有着一根筋的过往呢？

优秀的人，从来不会输给情绪

前几天，一段“女童模特被妈妈踢踹”的视频引发了网友的热议，事情的经过大致如下：一名女子在平面广告拍摄现场对一名四五岁的女童踢踹，经热心网友拍摄视频在网上曝光。从视频来看，女子带着怒气从女童的背面踢过去，女童往前踉跄了几下，这个行为迅速激起了网友的“声讨”。

后经了解，这名女子是女童的妈妈，而女童是与多家店铺合作的模特。在《新京报》对该女子的采访中，她表示只是看起来的动作是踹，实际上并没有使多大劲儿去踢，她有力度的掌握，而且小孩也没有受伤。

无论这个女子怎么解释，网友始终不买账，依旧骂声一片，因为这个事本身就解释不过去。一个成年人不懂得控制自己的情绪，将怒气撒在孩子身上，实在太过分！即使孩子真的犯了什么错，大人也应在情绪控制范围内解决问题。这样简单粗暴的方式，有多少素养可言呢？

一个真正成熟的人，一个真正优秀的人，从来不会输给情绪。情绪的失控，只能证明你的自制力和修养不够。发脾气不是一个人的本事，能控制住脾气才是真本事。与这样的人相处，才会有更多的安全感和舒适感。

在职场上，这一点尤为重要。

倩倩是公司的老员工，工作向来认真负责。但某天有个客户却找到了倩倩，说是公司的服务态度及效果让其不满意，并颐指气使地要求重做。一听客户的语气，倩倩就气不打一处来，自己在公司做了这么多年，从来没有因为这样被人挑过刺，就算有问题也是就事论事。虽然顾客是上帝，但这个顾客也太把自己当回事了。

也许是仗着自己在公司这么多年的经验，也许是一种对公司的维护，倩倩直接把客户怼了回去，完全没想这样做会有什么后果。果不其然，客户转身就把她投诉到了主管那里。后来听说，这件事在主管那里得到了圆满的解决。主管并没有让脾气占据了自己的思维，她先给客户倒了一杯水，让其坐下来把事情的过程慢慢讲清楚。在这个过程中，客户的情绪就已经冷静下来了。然后，主管再针对客户所提的不满意之处一一给予答复，语气平和却思路清晰，让对方没有反驳之余地。

事后主管并没有过多地责怪倩倩，只是告诉她，控制情绪是解决问题的前提。只有情绪稳定，才能有清晰的思维和表达，才能看到事情的全局。在修炼控制情绪的能力上，倩倩还有一条很长的路要走。倩倩虽然心里依然不舒服，可不得不佩服主管，也终于明白自己是一个普通员工，而对方是主管的原因了。

有时候，事情的处理水平比的就是控制情绪的能力。

生活中让我们不顺心的事情实在太多，每个人都有情绪不佳的时候，是成为情绪的主人还是情绪的奴隶，这在于个人的选择。在你的生活中，如果你会因为一点儿小事而和身边的人生气；会因为遭遇到一丁点儿的挫折就感觉到失败或沮丧；会对已经发生过的事反复地回忆、自责；会常常有一种莫名的焦虑感；会轻易被他人激怒……那你就是一个容易被情绪控制的人。真正情商高的人，能在负面情绪来临之时，选择恰当的方式和自己达成和解。他们能坦然接受自己的不完美，能对他人怀着宽容的态度，懂得原谅那些令自己不顺心的情境，给自己和他人都留有余地。面对这些不顺心的时候，他们常常会怀着一颗平和的心来解决问题。

他们懂得，其实情绪也是一面镜子，你怎么对待它，它就会怎么对待你。

那些情绪稳定的人，不仅会在个人的事情上保持理性，不生闷气，不轻易动怒，让自己拥有健康的身心；也会在家庭中和父母、爱人、孩子分享和疏导情绪，成为家庭的润滑剂，成就一个幸福的家庭；在工作中，他们也不会将负面情绪传递给共事之人，能在问题来临之时成为众人的定心丸，容易在事业上取得成功；在生活中，他们给朋友、陌生人的是一种谦和的感觉，能获得很好的人缘……这样的人才是人生真正的赢家，能成全自身和彼此的幸福！

“能控制好情绪的人，比能拿下一座城池的将军更伟大”是拿破仑对情绪的解读。在追求成为一个优秀的人之前，请先成为一个懂得控制情绪的人！

适时地表达意见

在我们的传统文化体系中，有一个重要的词是“听话”。从小到大，我们接受的教育似乎都在告诉我们只有听话和懂事才能招人喜欢。小的时候，我们习惯于让父母替我们做主，也把老师的命令当成“圣旨”；到工作之后，我们习惯于做一个好员工，服从上级领导给我们的安排；在生活中，我们不敢拂逆朋友的意思，生怕一不令其满意就让友谊的小船打翻了。好孩子、好员工、好朋友，似乎只有“好”才是对我们最高的评价。于是，我们渐渐忽略了自己真实的想法，而倾向于去照顾他人的感受，以服从他人的意志来满足他人对自己的期待。

其实，那些被隐藏起来的真实想法从未消失，它们在心中累积，慢慢影响到自己长远的发展。要想不违逆他人，不影响他人的情绪，并不是要一味地顺从，而是要适时地表达。你只有及时地向他人传递出了你的观点，其他人才能第一时间清楚我们内心的诉求，才会来照顾我们的感受。否则，别人就不会把你的感受当一回事。你只要及时表达了你的意见，坦坦荡荡，别人自然也不会有其他想法。

小侄女前段时间打电话和我倾诉她的烦恼，大意是讲她和几个同学在小学实习的那些事。他们几个同时到小学实习，其他同学都有了讲课的机会，有些甚至已经讲了好几次，而她一直都在听课、改作业。她在想，自己是做得不够好，还是不招这个老师的喜欢呢？听了她的倾诉，我首先问的一个问题便是：这些上课的同学是老师让他们上的，还是他们自己要求上的呢？小侄女说她没有问这个问题，她觉得应该是老师让的，毕竟他们才去没多久，不会主动申请上课。我先安慰了一下小侄女，并叮嘱她一定要问那些上课的同学是怎么争取到上课的机会的。

后来，小侄女告诉我，这些上课的同学除了个别是老师指定的，大多是自己和老师私下沟通的。于是，我鼓励小侄女也和老师表达一下她内心的想法。没想到，当小侄女告诉老师她的真实感受之后，才了解到老师的真实想法：老师看大家都在积极争取上课，只有小侄女没有反应，就以为小侄女很不愿意上课，也就没有提这个事。如果老师早知道小侄女很希望有锻炼的机会，早就让她上了，并表示以后有这样的想法，一定要及时和她提，不提还真的不知道。

这之后，凡是能让实习老师上的课，老师尽量都会照顾到小侄女。

是啊，如今这个社会就是一个主动型的社会，每个人都在竭尽全力给自己争取机会。如果你不提，别人又怎么会主动帮你提呢？如果你不表达，别人哪会有时间和心思来猜你的想法？若总是“我以为”“我想”“我担心”，那你就只能活在自己的想法中，若你清楚地告诉了别人你的想法，才有争取机会的可能。

适时地表达自己的意见，就是让别人看见你，听见你，重视你。

当然，表达意见也要注意方式。这个社会有一种表达被称为“马后炮”，虽然也是表达意见，可很不受欢迎。当大伙在一起讨论的时候，问到这类人的想法，他们往往就是“我随便”“我都同意”“我没意见”，好像很大度的样子，他们想以这样的认同感来避免得罪人。可事后他们又在背地里“嚼舌根子”，针对讨论的内容讲一堆冠冕堂皇的话，或者在心里自责没有把意见表达出来，委屈了自己。这样不仅让自己不舒服，也影响了和他人的关系。如果当场就能适时地表达出自己的意见，不仅彼此舒服，而且事情的发展方向也可能会朝着你心中所想的去实现。

如果你习惯性地保持沉默，别人就会渐渐把你当成“透明人”；如果你习惯放“马后炮”，别人也不会尊重你的意见。听从内心真实的声音，做一个适时表达自己意见的人，勇敢地追求属于自己的东西，让这个社会尊重你的存在！愿我们每个人都珍惜属于我们的话语权，让它发挥到恰到好处。

分清真情与假意，避免受伤害

人心，是这世间最难懂的东西。人前是只小绵羊，人后也许就是大灰狼；人前朝你笑眯眯，人后朝你放冷箭，这样的现象并不少见。有人说，这个世界很复杂，其实最复杂的就是人心。有时你以为你了解一个人，却发现那不过是面具下的他；有时你对一个人掏心掏肺，最终得到的却是一场欺骗。真真假假，假假真真，只有透过表象看到内心，你才能避免受到更多的伤害。

张姐新带了三个实习生，其中两个话说得很漂亮，整天把她往蜜里灌，也会时不时地给张姐送个小礼物表示感谢，在人前人后都说张姐是个好师父；另一个则显得有些笨拙，只会踏踏实实地做事情，逢年过节的时候给张姐送上一份家乡的土特产。虽然多数时候，张姐是一起教给她们东西，但刚开始的时候，张姐还是将更多的时间用在了培养前两个人身上，认为她们更有发展潜力。

这两个人确实能力很强，不仅被当作公司的潜力股重点培养，而且在很短的时间内就寻找到了新的发展平台。她们接触的圈子越来越大，认识的能人越来越多。渐渐地，两人就不再把张姐当回事了，认为她身上已经没有她们要学习的东西，甜言蜜语懒得说了，礼物也不送了，夸奖的话都给了对她们更有帮助的人了。

2018 年的时候，张姐因为腰椎间盘突出动了一场大手术而请假半年。这半年的时间里，这两人只是客气地发了一条表示关心的短信，就再也没有只言片语。反倒是那个被张姐忽视的笨拙的小徒弟，每个周末都会拎点儿东西来陪张姐聊天。因为这样的交流，张姐才有了真正了解她的机会。

自和张姐认识起，小徒弟对张姐为她做的那些事都铭记在心，一件件如数家珍。有些事情张姐都已经忘记了，有些事还不是特意为了她而做，不过是教另外两个人的时候顺带的。相比另外两个人，张姐为小徒弟做的事情已经很少了。可对小徒弟而言，张姐就是她的师父，的的确确教会了她一些本领，这是必须要认的。更何况，她的确不如另外两个人聪明，张姐能教她已经是一种幸运。一直以来，她都对张姐心存感激，只不过她不是一个善于表达的人，总找不到合适的方式。

听小徒弟吐露这些心声的时候，张姐心里既感动又特别不是滋味。一个在职场上混了这么多年的人，居然分不清什么是真情，什么是假意，她究竟是被什么蒙蔽了双眼？有些人不过是借了你的高枝往上爬，为此她们做什么都愿意，可一旦目的达到了，她们的本性立马就暴露了，作为一个老江湖，她怎么就没看出来呢？

那些假意往往做了很完美的包装，用“糖衣炮弹”裹挟着你，用虚伪的善良来赢取你的信任，用偶尔的娇柔博得你的同情，你稍不留神就会掉入这样的情感陷阱。高情商的女人在认识一个人的时候，不是用眼睛去看，而是用心感受。她们不会活在赞美的虚荣里，而会透过一个人点点滴滴的细节来做出客观的判断；她们不会因表面的表现而盲目相信，会在时间的天平里认清一个人的本质。

对你真心的人也许不会讲那些让你听起来舒服的话，也许不会时时刻刻围在你的身边，也许不屑于在你地位很高之时去巴结你。可他们一定是在你落难的时候，第一时间站在你身边的人；

是在你取得成就的时候，默默为你鼓掌的人；会默默地关注着你的生活和你是否过得快乐的人……他们不在乎你成功或失败，不在乎你的地位高低，不在乎你是否能为他们带来利益或价值，他们只在乎你这个人本身。

虚假的人永远都在说漂亮话，而真诚的人看重的是默默的行动。

对一个向你假意付出的人投入真情，最终伤害的只会是你自己。聪明的女人一定能学会判断，冲破假意的迷障找到真情。一颗真诚的心往往更容易识别另一颗真诚的心，愿你也以真心待人！只有收获了真情，你才能获得真正幸福的人生。

怎样和难相处的人打交道

每个人生活在这个社会上，都要和形形色色的人打交道，有些人是你喜欢的，有些人是你不喜欢甚至是厌恶的。可不管你愿意或不愿意，我们都难以回避和自己不喜欢的人打交道。不喜欢一个人的原因不外乎对方和自己气场不合或者难以相处等。

难以相处的人，有时是城府太深，有时是性格孤僻，有时是过于挑剔或脾气暴躁等。无论是哪一种，我们都能根据他的特点，找出对应的相处方法。

所谓城府深的人，是指那些把心思都藏在心底，善于保护自己，也能伤人于无形的人。他们往往工于心计，也八面玲珑。你很难从他们的神情判断出他们真实的情绪以及内心真实的想法。他们即使表面上顺着你或和你保持良好的关系，但一旦触及他们自己的利益，就能迅速反击。和这类人打交道，你不需要完全敞开自己的心扉，更不要让他们彻底了解你，免得被伤害时措手不及；当然，你也不要主动去触犯他们的利益，因为你如果和这类人玩心眼儿，最终就是两败俱伤，而伤得更惨的这个一定是你。你只需要和他们维持彼此表面的平和，能给予举手之劳的帮助之时就施以援手即可。因为这类人朋友少，只要你不威胁到他们的利益，如果你帮助过他们，他们依然会认这份人情。

性格孤僻的人多是那些不爱说话，喜欢一个人独处，待人冷漠的人。和他们相处，你常会感觉到难以带动气氛，甚至经常冷场，热脸去贴冷屁股就是形容这样的感觉。有时候你无心的一句话也会让他们在意很久，让彼此都心累。这样的人并不是不善良，也不是故作姿态，而是不懂得如何表达自己。

和这样的人打交道，你必须要让自己放宽心，对他们多一些理解。如果过于计较他们的一言一行，不仅给自己添堵，也处理不好你们的关系。他们冷漠，你可以适当地多一点儿热情，比如，平时可以多和他们说说话，主动给予他们一些语言和行动上的关心；在他们面前多展示你的笑脸，让他们感觉到你对他们是友好的；注意开玩笑的方式，不要让他们误会，尽量不要触碰到他们的禁忌等。

而像过于挑剔的这类人其实也并不好相处。说得好听点儿是追求完美，而事实上，以自我为中心或出于嫉妒心的情况也不少。他们要么就是凡事都想做到尽善尽美，要么就是习惯性地从自己的角度看问题，又或者是见不得他人的好而刁难他人，总之，就是会把自己和身边的人都弄得很疲惫。

和爱挑剔的人相处是对一个人极大的挑战，需要极大的包容心和忍受力。一个真正聪明的人在和这样的人相处的时候，他们懂得主动把对方挑剔的话语和自身分离，也就是不把那些挑剔的话放进心里，而在内心对自己有一个客观的认识。若是把这些话都当真，那这个人的自信心早就被击溃了。此外，他们懂得反过去欣赏这些挑剔自己的人，因为这些人其实是对自身不够自信或渴望得到肯定的人。若是他们从你的态度中得到了你对他们真诚的赞赏，你们的关系就能更进一步。

至于那些性格暴躁的人，和他们相处的时候，首先就是要掌握好一定的分寸。如果他们的情绪爆发了，你需要的就是远离和冷静，硬碰硬的方式吃亏的只会是自己。等他们情绪缓和下来的时候，再来解决你们之间需要解决的问题也不迟。

一把钥匙配一把锁，每一个难相处的人背后都有一定的原因。如果你了解到了他们是怎样的人，他们难相处的原因，再有针对性地与其打交道，这样对彼此而言都是一件好事。否则的话，就是自找麻烦了。碰到难相处的人，一味地逃避不是办法，应该用你的智慧巧妙地和他们周旋，不要因为他们而影响到你原本的生活。

警惕爱传播八卦的人

在古代，有一个女人名曰长舌妇，她的舌头非常长。有一次，她的儿子想要树梢上的一颗红枣。他们带了很长的竹竿，可依然没有够着。长舌妇看到儿子急得要哭了，就慌忙把自己的舌头伸上去将枣子弄进了嘴里。看到这一幕，她的儿子被吓住了，以为妈妈是蛇的变身，而不肯要这颗红枣。平日里，长舌妇常做的事就是把舌头伸到别人家的清水中搅成浑水或是伸进人家的浑水中去搅浑水。因此，人们都厌恶极了长舌妇，常常见到她就像见到了瘟神，只能把水都藏起来。没有水可搅的长舌妇，久而久之就觉得日子变得寂寞了，只能参与到昆虫的生活中，便开始搅得昆虫的世界不得安宁。

后来，人们用“长舌妇”来专指那些爱搬弄是非，在别人背后说三道四，把他人一点儿小事四处宣扬的人。这类人看似只动了动嘴皮功夫，却搅得他人的世界不得安宁，实则也是故事中那般极其可恶的人。从古至今，不得不承认，爱八卦是女人的天性，然而，爱八卦也最令人反感，这类人内心并不善良。

爱八卦的人最喜欢捕风捉影，把那些还没有确定的事情添油加醋地说出去，仿佛这样能显示出他们消息灵通的能力非同一般。原本简单的事情被他们一传播，就弄得“面目全非”；有些事情当事人并不想让大众知道，结果被爱八卦的人一传播变得极为被动，因为逞一时口舌之快，却永远不知道会给当事人带来多大的影响；他们最难以守住秘密，将甲的事情说与乙听，为了良心所安，还特意叮嘱乙不要告诉他人，结果乙告诉了丙，丙又告诉了丁，常常不值得别人信任。

在工作场合中，那些传播八卦的人最喜欢聊的就是谁的后台比较硬，谁和谁关系不和，谁和谁有绯闻，诸如此类。露露离开原来的单位很大程度上与这个有关。她经历了很长的刻苦复习和几次考试的失败之后才考入了一个稳定的单位，没想到这个单位的二把手是她的前男友。为了避嫌，两个人并没有向任何人提起这层关系，也没有走得很近，就是作为普通的同事在相处。

露露本身是一个很有能力的人，公司的领导都很赏识她，所谓的前男友当然也如此。可能是被这么多领导看重激起了部分好事者的嫉妒，露露和这个领导的关系还是被人挖了出来。这下，大多数人都戴着有色眼镜来看待他们两个。有人传言露露进到这个单位就是这位领导帮的忙，有人传言露露在单位的很多机会都是这位领导替她争取的，有人传言两个人旧情复燃。这对已经成家的领导而言，无疑产生了极为不良的影响。两个人原本的那些正常的工作互动被无限放大，流言蜚语越来越多。无论露露多么想用自己的能力来证明自己，始终都摆脱不了是借着这个领导的光才有发展机会的流言，甚至被传成了她是领导的“小三”。

无论两人怎么做，只要曾有这样一层关系，两人接不接触都会被恶意揣测。被逼无奈之下，露露只得放弃了这份工作，离开这个单位。奋斗了几年的成果就这样毁在一些好事者的八卦流言之中。你说，这些人是善良的人吗？

生活中类似这样的事情数不胜数。“听说那个谁离婚了”“听说她老公家没什么钱，他们家都是靠她养的”“听说他们已经冷战一年了”“听说她以前人缘很差的”“听说她以前做过手术”……每个人的身边都不缺少这样往人堆儿里凑着传播“听说”

的人。这样的人要么就是闲着没事干，要么就是嫉妒心作祟想整垮对手，要么就是显示出自己存在的价值，出于好心的可能性几乎没有。

出于好心的人，对八卦从来都是不打听、不传播的，那些不带善意的八卦传到他们这里，也就停止了。他们即使要八卦，也不是家长里短及个人的私事，而是天南地北地谈见闻，这是对个人的基本尊重，也是在闲谈中获取“营养”的打开方式。

永远别小瞧了八卦的力量，也不要小看了那些爱传播八卦的人！

八面玲珑未必比一根筋好

八面玲珑是指那些在为人处世上能巧妙应对并面面俱到的人。这种类型的女人一般都是处世的高手，她们深谙人情世故，懂得何时做什么，何时说什么，怎么做和怎么说，不仅不会让自己吃亏，而且会切中对方的心理让对方觉得舒服。这样的人常让人夸赞为有智慧、情商高，并在职场和生活中深受大众的喜欢。

而一根筋的人，她们往往对某些人和事物有一种执拗，即使知道有些话不该说或有些事不该做，依然会顶着压力一条道走到黑。在她们心里，只认自己认为应该做的事，而不是讨好别人的事。这样的人常被人贴上“情商低”“死脑筋”“不会变通”等标签。在很多场合，都不太被人接受。

然而，八面玲珑的一定比一根筋的人好吗？一根筋的人一定会输给八面玲珑的人吗？在我看来，倒也未必。有这样认识的人，是误把八面玲珑和情商对等起来。八面玲珑未必就是情商高，因为八面玲珑是一种迎合别人的圆滑，而情商代表的是一种成熟、包容及格局。一个是基于利益，一个是基于人性的大局观。

同样，一根筋的人也并非就是情商低，他们不过是不懂得讨好他人，但他们有做人和做事的真实性，他们也能做到有礼有节，给人一种值得信任之感。和这样的人相处在一起，你不必担心他们微笑的面容下还有怎样一副面孔，也不用顾虑他们说的话背后还有怎样深层的含义，更不用害怕他们会“出卖”你。

陈佳和敏子就是八面玲珑和一根筋的代表，她们俩是同一批被分到单位的。陈佳家庭条件较好，其父在当地有一定的权势，从小在这样氛围下长大的孩子在为人处世方面自然圆滑几分；而敏子就是普普通通的农民家的孩子，从小到大，她就只认一个理——靠自己的实力赢得一切。

刚到单位，陈佳明显活跃很多，会主动和人套近乎，会在工作群内和朋友圈各种点赞和逢迎，也会经常请人吃饭，给领导、有资历的同事的小孩买礼物等。她看上去和每个人关系都很好，同事对她也是笑脸相迎，客客气气的。而敏子的行事作风完全不一样，一到单位就一头扎进工作堆里，这些迎合人的事她从来都不干。只要有工作交到她的手里，她一定会做到超出对方的满意程度。为此，敏子是单位加班最多的那一个，也是工作任务最重的那一个。和人打交道的事远没有和工作打交道那么多，即使和人打交道，也是有事说事，没事不会在那儿瞎客套。

我们理所当然地认为，陈佳要比敏子更受欢迎，毕竟她深谙人情世故之道。可事实是，每次陈佳需要团队出力的时候，大家都是象征性地帮帮忙，而到敏子的时候，大家都是发自内心地助其成功。其实道理很简单，陈佳对谁都是表面的客气，大家自然也用表面的客气回应她，各自以“官话”打交道，维持看上去的和谐，这是心照不宣的事，而敏子脚踏实地的付出大家有目共睹，她虽和人打交道少，可都是发自真心。在人人都“假”的时代，那个“真”显得格外珍贵。

八面玲珑的人虽然相识很多人，可他们很难交付真心，自然也难以得到真心；一根筋的人相交的人虽不多，可交往一个就是真心相交的那个。做一根筋的人其实比做八面玲珑的人更累，也难怪如今的社会都渐渐向后者靠拢。谁只是出于社交而对我们好，谁是真心对我们好，大多数人都心中有数。我们都还能分辨，在我们跌进深谷的时候，能来拉我们一把的一般不会是那个平日里一团和气寒暄的人。

随着年龄的增长，我们会发现身边那些八面玲珑的人越来越多，而我们也在不知不觉中成为这样的人。真真假假，假假真真，真亦假时假亦真，我们就这样在真假之中麻木地周旋。看似相交甚好的背后，我们却找不到一个能表达真实自我的灵魂。每每这时，你是否也会怀念那个曾经有着一根筋的自己呢?

从容淡定，遇事有分寸

人这一生，要遇到多少人，经历多少事，有些遇见是美好的，有些则是糟心的，以怎样的心态来面对这些遇见，决定了一个人这一生的姿态。真正情商高的女人，无论握在她手里的是好牌或烂牌，她都会从容面对，把这些遇见变成生命中最不一样的回忆，也成全了自身成为一个更好的自己。

如果你认真观察或回忆你身边那些出类拔萃的女人，她们一定是遇事从容淡定、很有分寸感的人。在工作场上，要是有客户投诉或碰到棘手的问题，其他人要么是一堆牢骚，要么是怒气直冲，要么就是无头苍蝇一般，让感性的情绪战胜了理性的思考，看起来没有一点儿担当大局的魄力；而有一类人，她们定是先解决情绪，再来处理问题，她们首先想到的不是推卸或逃避，而是冷静下来思考问题的解决方法，并在气定神闲中把它游刃有余地处理了。这类人浑身上下都散发出一种从容淡定的魅力，让人有一种踏实感和可信任感。

有人说，判断一个人要看她在情急之下的所作所为，才是真正素养的体现。达达说，她刚进职场的时候，有一个前辈对她非常照顾，会主动带她熟悉公司及了解整个工作的流程。当达达遇到问题的时候，前辈也会耐心地给她出谋划策。因此，达达对其特别信任，并逢人就夸这个前辈。可每次别人的反应都很平淡，不是点个头表示同意，就是简单回应一下"她人是还不错"之类的。达达心想，这么好的一个人怎么别人似乎并不这样认同呢？直到有一天达达误把前辈的钥匙带回了家，等送过来的时候看到前辈的反应，达达才明白这个原因。

原本就是无心之举，而且在发现之后立刻就返回来送给前辈。可当达达把钥匙递到前辈的手中，还是遭到了她劈头盖脸的一顿责备："你这个人怎么可以这样呢？你知不知道我都快急死了，我这个钥匙要是丢了，那得多麻烦。我在这儿找了一两个小时了，你这个时候才给我送过来，我好多事都耽误了……”看着达达的泪水在眼眶里打转，前辈似乎意识到自己的情绪有些过了，稍微缓和下来叮嘱达达以后做事情要谨慎并安慰了几句。

可达达自此之后一直没有忘记那天前辈那满脸的怒容，那是一张让人想起来就害怕的脸。后来，达达的同事来安慰她，让她不要把这个事情放在心上，也告诉了她那句经典的话，“判断一个人如何要看她在情急之下的所作所为”。她们说，前辈在没有遇到事的时候确实是一个热心肠的好人，但是只要遇到点儿事，她的情绪就很容易激动，那些真实的想法全暴露出来了。因而，就算她平时有多么好，大伙也并不是发自内心地尊重她。她们更尊重那些平日里看起来没那么热情，可到了关键时刻或遇到点儿事的时候依然能保持风度的女人。

因为遇到事能沉下心来并有分寸地处理的女人，内心一定有足够的容量，也有超强的应对变数的能力。她们不会在刺激中失去理智，不会在诱惑面前迷失自己，不会在强权面前低下头。她们懂得无论是逆境还是顺境，都需要积极乐观地去面对，并能在一时之气下忍住暴怒，在需要低头时适当地放低姿态，在他人犯错时给予台阶……似乎这个世间的一切都在她们的掌握之中。这样的人具有一种柔和而坚定的气场，看似波澜不惊，实则内心澎湃。

女人在感情里更应如此，感情最能让女人失去理智，失去理智引发的就是一系列自己也掌控不了的后果。越是从容淡定的女人，越能沉下心来看清楚已发生的事情背后的本质，冷静地做出有利于自己的判断和选择。

从容淡定就是让我们在世事前随时保持着一颗平常心，不被情绪牵着鼻子走，“不乱于心，不困于情”，从容淡定才会让人生少一些遗憾，才能走出优雅的姿态，才能展现出一个人真正的素养，也会助我们更好地发光、发亮。

有目的，重效率，把工作做完美

如今这个时代，相夫教子不再是女人的专用词。她们和男人一样在工作场上“厮杀”，凭实力在职场中站稳脚跟。那些有目的、重效率并且能把工作做完美的女人，不仅闯出了自己的事业，也将一个女人的价值发挥出新的高度。

“女人要照顾家庭，又要忙事业，哪有这么多时间和精力”，这句话成为很多女性在工作上得过且过的最佳理由。工作，不过是她们混日子的一个资本。如果公司需要她们加班，她们一定嚷着家里还有孩子要照顾；如果让她们辞职专心照顾孩子，她们又喊着女人需要有工作的口号。这样两相矛盾之下，她们两头都没有兼顾到位。在工作的岗位上，就高效率地完成工作；在照顾家庭的时候，就一心一意顾着家庭，有的时候，这两者之间的平衡在于你的行动。

超超是一个 5 岁孩子的妈妈，家里有多家店面，即使不工作也完全不愁吃穿。可自从选择了在这家公司上班之后，她就把这里作为她事业的奋斗起点。别的年轻妈妈都是到点等着下班回去带孩子，可超超会坚持把当天的工作做完再回家陪孩子。“如果手里头有事情，回家陪孩子也陪得不踏实”，超超总是这样觉得。

不仅如此，她对工作的细致程度超过了别人对工作提出的要求。其他人劝她差不多得了，可在她看来，兢兢业业做到位就是对工作最基本的态度。任何一项工作交到她手里，就是质量的保证。其实，超超也并没有比其他人加多少班，她就是把别人用来混工作的时间集中利用起来投入手头正在做的事情中，并积极想办法提升工作的效率，因而在同样的时间内，她做的事情的多少和效率都远超其他人，自然也得到了提升的机会。慢慢地，她和其他人的差距越来越大。

每次公司裁员的时候，有些人总是战战兢兢，可超超从不担心，她有自身的实力做底气，也比其他人有更认真的工作态度。

所以，裁员也总轮不到她。

在工作上有出色表现的她，也得到了公司给予的一些新的发展机会，她得以接触不同层面的人，也到了不同的地方，有了不同的见闻。越努力越幸运，是因为越努力，实力越强，发展机遇自然就不同。因为实力增强，她做起事情来也更得心应手，反而越来越轻松。再反观那些怕辛苦、对工作敷衍的人，依然还是在那个圈子里打转转，做着底层的活儿，拿着最基本的工资混日子。

有时候，超超会把自己的孩子带到工作场合，她想用自己的身体力行告诉孩子，妈妈所取得的成就是在这样踏踏实实和不懈努力中得来的。虽然孩子还小，可她知道那个在忙碌着的妈妈很厉害，也会在长期的耳濡目染中学到这种对所做的事情负责任的态度。在超超看来，这种工作的风格也是给孩子的一种教育。

照顾家庭不是一个女人对自己的工作不负责任的理由。那些有家庭责任感的女人同样能把工作做到最好，前提是你需要有这样的意识和这样的行动力。你会发现，把工作力争做到完美之后，你的内心会有一种无比的充实感，你的人生正在进行新的升级，而你也成为你孩子眼中最好的榜样。试着努努力，等你把做到完美成为一种习惯后，很多事情会更不费力。请你不要小瞧了自己，也不要放任自己。

“一个人，当他全身心地投入自己的工作之中，并取得成绩时，他将是快乐而放松的。但是，如果情况相反的话，他的生活则平凡无奇，且有可能不得安宁。”全身心地投入工作不一定是追求一个功成名就的明天，但它能让你的人生有一种奋斗的快感，它能让你时刻跟上时代的步伐，这样的人生有底气！

Chapter 5

恋爱情商：让女人幸福的秘诀

男人好比风筝，而女人就是那放风筝的人，你们的关系就是手中的线。女人越是拉得紧，线就越容易断；有时适当放手，风筝反而会飞得更高。你无须担心风筝会飞远了，因为线一直都在你的手中。你只需要轻轻地拉一拉，它就会离你越来越近。勇敢地放飞吧，若真要争个什么，就用你的智慧争你们一生的幸福吧！

从经济、人格的独立开始

电影《喜剧之王》中有一个经典的片段：当生活都难以糊口的龙套演员尹天仇终于鼓起勇气对着心动的女人柳飘飘喊出了那句“我养你啊”，柳飘飘却不能接受这句浪漫的承诺，即使心如刀割依然忍着痛转身离开，因为她清楚尹天仇没有承担一个家庭的能力。这一幕让多少人感动流泪，却又觉得心酸。

现实生活中，每个女人都渴望有这样一个男人能对自己有这样霸气的宣言。可他真正说出口之后，能最终实现的又有多少呢？一是这个男人是否真的有养你的能力，二是你能否接受这个男人来养你。这句话不过是一句浪漫的宣言罢了。

2017年，一部《我的前半生》火遍大江南北，成为人们茶余饭后的热点话题。剧中的罗子君和唐晶演出了新时代女性的两种不同的真实生活状态。

罗子君大学毕业之后仅工作了一段时间就被丈夫“我养你”的承诺冲昏了头脑，心甘情愿地过起了全职太太的生活。仗着丈夫有一定的经济实力，罗子君穿私人订制的衣服，买限量版的包包，做最全套的保养，甚至还帮衬着娘家人，靠着撒娇卖萌和把自己打扮得漂漂亮亮来留住丈夫的心，日子倒是舒坦得很。

她以为自己足够年轻漂亮，她相信自己的丈夫足够爱她，她更毫不怀疑那句“我养你”的诺言，是丈夫让她不工作的，是丈夫让她好好做全职太太的，她把整个青春都给了他，他怎么会忍心背叛她呢?

可背叛来临的时候，从来都不会管诺言是何物。

罗子君万万没想到，打败她的竟然是一个没有自己年轻漂亮，离过婚甚至还带着一个孩子的女人，打败她的理由是这个女人在丈夫的工作上给予了他无微不至的支持，让他疲惫的心灵有了短暂的依靠；是因为这个女人即使生活这么艰难，依然那么努力地和生活抗争着，让她的丈夫心生疼惜之情。

离婚后的罗子君从贵太太沦为毫无社会经验的中年新人，一切重新开始。

而她的闺蜜唐晶从一开始就有着完全不同的人生定位，她把自我的奋斗作为人生幸福的基础，靠着倔强到骨子里的拼搏为自己争取事业。在两个人的关系中，她追求的是一种对等，而不是绝对的依赖。“两个人在一起，进步快的那个人，总是想甩掉原地踏步的那个人”，所以她一直让自己跟上对方的脚步，不让自己成为关系中弱势的那一方。当自己的男朋友爱上自己的闺蜜之后，唐晶并没有崩溃或闹到不可收拾的地步，也不需要对方的可怜。她取下了婚戒，以最坚定的方式告诉对方，“戒指好看，我可以自己买，我也会自己好好地爱护自己的”。

若没有经济和人格独立做底气，怎么会这样霸气？这样的唐晶活出了一个女人最好的尊严——没有了你，我依然可以活得很好，因为我从来没有失去自我。

生活的底气从来不是他人给予的，靠天靠地不如靠自己。只有靠自己，你才能有随时离开任何人的能力，也才能有随时重新开始的资本。很多人喜欢给那些在事业上努力奋斗的女人和追求独立的女人贴上“女强人”“女魔头”的标签，认为这样的女人过于强势，难以让男人疼爱，人生会过得很辛苦。在他们看来，女孩子应懂得示弱和依赖，才会让男人有保护的欲望，这一生才会过得轻松。

可男人能成为女人这一生的依靠吗？你们喜欢过那种向男人开口要钱，凡事要看他们脸色，并要听对方家庭的闲话，还随时担心自己被抛弃的生活吗？这样的生活不仅没有安全感，也让一个女人彻底沦为了男人的附属品。

要是一个女人经济独立、人格独立，又何必小心翼翼地取悦着男人过日子？你们无论从哪个方面都是平等的，你想怎么支配自己的生活都是你自己的事。你只需要取悦自己，让自己拥有一个有趣的灵魂，这样的生活才是真正的自由！

身体上的辛苦只是表面的，精神上的苦才是磨人的。宁愿在拼搏中让身体更苦一点儿，也不愿在依赖中失去了尊严。做一个经济和人格独立的女人吧，爱自己想爱的人，去自己想去的地方，过自己想过的生活，你只属于你自己！

摆正自己的位置，不卑不亢

人生而平等，却因为身份、地位、经济实力、社会眼光等的不同而让人和人之间有一种隐形的地位差别。有人因此高高在上，有人因此自惭形秽，有人依然不卑不亢地按自己的节奏生活着……其实，不是你们的地位有差距，而是你们的思想存在差距。面对所谓的地位的差别，不同的态度也决定了人生的不同姿态。

阿雅小姐姐今年30岁了，单身，没有房子，也没有车子。身边的人看她都带着一种异样的目光，觉得这样的人简直不可理喻，无论走到哪里都有人提醒她，“你已经30岁了”“再不结婚，就真的嫁不出去了”“你也得替你的爸爸妈妈想一想”“你现在已经是大龄剩女了”，甚至有人问她是不是不喜欢男的。

可阿雅从来不认为自己的生活比别人差在哪里。她有一份稳定的工作，并且在这个岗位上做得比他人都优秀，得到了广泛的认同。她租了一个精装的房子，把房子布置成她喜欢的样子，养花、画画、弹琴、写字、听音乐、读书……生活要有多惬意就有多惬意，日子要有多丰富就能有多丰富。她喜欢写作，把生活中的那些故事都用文字记录了下来，还有了自己的一小众粉丝。她喜欢旅游，喜欢看话剧，喜欢很多有趣的事物，把买房的钱都花在这些喜欢的事物上。

阿雅的青春状态丝毫没有被 30 岁这个数字所打败，她从不觉得日子苦闷，远比有些结了婚的人过得充实得多。她更不会因自己 30 岁没结婚就认为人生有多失败或者认为自己是一个没有魅力的人而感到自卑。和她在一起，你永远能感受到一种向上的朝气，一种青春的力量，一种生活充满美好的幸福感。

这样的状态反而渐渐得到了越来越多的人认可。那些结了婚的人纷纷表示羡慕阿雅的生活，那些还没结婚的人也想和阿雅一样享受这样的单身状态，她的父母也表示支持，只要阿雅像现在这样过得快乐就行。是啊，30 岁的单身女人怎么了？ 30 岁没有房和车又怎么了？这些并不足以成为你自卑的理由啊！

然而阿雅的朋友就没有这么幸运。在那些世俗的催促声中，她在30岁生日之前结束了单身生活，和一个认识了三个多月的人结婚了。原以为将就着就能成全这段婚姻，可不到两个月，他们就办了离婚手续。她的朋友告诉阿雅，和一个不爱的人怎么将就也过不下去。如今这个朋友依然是单身，可她的心坦然了，不再因为这些声音而影响自己的选择，不卑不亢地让自己的生活充实起来。

在生活这个大舞台上，我们总是会被世俗贴上很多的标签，诸如“大龄剩女”“凤凰男”“女魔头”“关系户”等。这些标签常让我们遭遇到很多质疑和不屑的目光，让我们陷入一种自卑的困扰中，让我们无法和别人处于同等的位置上，老感觉比别人矮了一节。可标签是别人贴的，而生活是自己的。只要你没有违法，没有违背道德，没有不择手段地争取自己想要的东西，你有什么可心虚的呢？

越是心虚，就越会打乱你生活的节奏，越发把日子搅得一塌糊涂。只要你心正了，你的方向自然就正了，日子也就朝着你想要的方向走了。家庭条件不好不代表着我就比你差，我依然能凭借自己的优秀做得比你更出色；大龄剩女不代表着我没有结婚的能力，我单身的生活也能过得比你们充实；职场菜鸟又如何，我也可以是一只比你更有前途的潜力股……只有你自己摆正你自己的位置，从心底里看得起自己，把自己当一回事，别人才会把你当回事，你才能自信地昂起头。

生而为人，每个人都是平等的，没有谁比谁卑微。你的思想意识在一定程度上决定了你的地位，站好你的位置，不卑不亢地创造属于你的价值。无论你的起点在何处，你都能活出你生命的色彩！

不斤斤计较，时刻为大局着想

女人是水做的，她们爱哭，在意他人对自己的态度，天生渴望他人的照顾和包容，这是骨子里的一种天性。可凡事皆有度，若过于纠缠一些无关痛痒的小事，在其中寻找存在感或过分在意自己的感受，往往会适得其反。

浩子很宠她的老婆，凡是老婆想要的，他砸锅卖铁都会去买；凡是老婆想做的，他请了假也会陪她去做；凡是老婆不乐意的，他就会果断拒绝。在老婆面前，他扮演的角色就是“呼之则来，挥之则去”，是圈内出了名的宠妻狂魔。可前段时间的一件事，也让这个好脾气的先生和老婆开始了一段时间的冷战。

事情大致是这样的：浩子请了大学时候的恩师和几个关系很铁的校友吃饭，这些朋友都是浩子非常看重，而且特意从全国各地来的。可那天晚上，正好是老婆非常喜欢的一个明星在 H 城录制节目。浩子想让老婆陪他一同出席晚餐，毕竟大家这么多年才相聚这一次，他当然希望自己最重要的人能够陪他一起去，更何况大伙也都很期待她的出场。但浩子的老婆并不这么想，她认为这个明星好不容易来一趟，而这些同学平时还能通过网络联系，没必要非急在这一时，而且不就是一顿饭，有浩子不就行了吗？而她决定不参与聚会的最重要原因是浩子明知那个明星的节目录制就在当日，依然选定了这个日子，这明摆着是重朋友过于她，这让其心里很不舒服。

哪怕浩子一再坚持，她依然选择去看明星。结果，浩子一个人陪着大伙吃了顿饭，还得和大伙解释是老婆身体抱恙才没办法来陪。浩子明显感觉到了大伙的失落，也对恩师颇为歉疚，只能约定改日再带老婆亲自拜访。

在恋爱和婚姻关系中，这样的场景实在太常见了。仗着对方的宠爱，我行我素，只在乎对方在不在乎自己，而不在乎自己有没有顾及对方的感受，不分场合地耍小性子。如果受到一丁点儿的委屈，就不管三七二十一地闹情绪。这样的女人，对方能包容你一次、两次、三次……可不会一直这么包容着。毕竟我们是生活在一个群体社会中，不是只有两个人的世界，而对方也需要面子和尊严。

高情商的女人懂得何时该计较，何时可以耍性子，而何时就算是忍受一点儿小委屈也要顾全大局，让彼此面子上过得去。这样的小牺牲不仅赢得的是男人的心，也得到了大伙对你真正的高评价和尊敬，所以才会有别人眼中所羡慕的“娶到这样的女人真是你的福气”“这样识大体的女人，你可要好好珍惜”“这样的嫂子我们都喜欢”等。识大体、顾大局的女人因为难得，所以才显得越发珍贵！

斤斤计较的小性子看似满足了自己的情绪，实则失去了人心；顾全大局的识大体看似受了委屈，实则赢得了大格局，这就是小女人和大女人的区别。小女人不一定有大女人的魅力，可大女人却兼具两者的魅力。

在工作场合更是如此。在亲人和朋友面前，他们会宠着你而容许你的斤斤计较，可在同事或陌生人面前，这样的人注定不会受欢迎，而且是被别人怼的对象。很少有人会在意你的那些小想法，更多的人在意的是团队的发展。若你过分纠结于自己的情绪有没有得到照顾或者是自己的那些小利益是不是受到了损害，那领导往往就会把你当作是没有大局意识的员工而排除在发展之列。团队在乎的是你有多少的价值，你肯不肯为团队牺牲，你能为这个团队做什么等。那些真正到达一定层次的人，多数是忽略个人的小利益，而朝着大局的发展向前看的人。

斤斤计较的女人，无论在工作或是婚姻里都是苦而累，并且费力不讨好。让我们学会将心放宽一点儿，把目光放远一点儿，只有认识到偶尔的小牺牲不是吃亏，我们才能在大局意识里，向未来和幸福迈出坚实的一步。

有所为，有所不为

人的生活就是由一件又一件的事情组成，一件事情的结束永远是另一件事情的开始。诸多的事情中，为与不为是个人的选择，也是个人的智慧。在该为时不为是一种生命的浪费和自我权利的放弃，在不该为时而为是一种愚笨。情商高的女人知道什么该做，什么不该做，而情商低的女人则永远都在被事情推着走。

平常生活中，有些女人最常做的事情就是聚在一起聊各种八卦，也许是诋毁这个，或者是批评那个，似乎只有“热情”参与“讨论”才显得合群。世界上没有不透风的墙，无论谁闲谈谁，最终都会传到对方的耳中。今天你在背后诋毁着他人，明天你就是那个被诋毁的对象。情商高的女人懂得在他人闲话的时候不往前凑热闹，不揽是非，对这些闲事一笑置之。

恋爱中的女人最容易失去为与不为的分寸。女人常常爱一个人能卑微到尘埃里，为了男人而不惜失去自我，把对方当成是自己的全世界。

柳儿大学的时候谈了一个男朋友，两人都是极为热情的直性子，爱的时候能为了对方不顾一切，而吵的时候恨不能和对方同归于尽。一门心思在男方身上的柳儿完全顾不上将来，只在乎当下的这种感觉。大三的时候，柳儿意外怀孕，为此还和朋友借钱堕胎。当时，她的朋友便提醒柳儿，这样的男人靠不住。柳儿也想过和对方分手，可对方表示会对柳儿负责到底。

毕业之后，柳儿便带着这个承诺和男方回到了海南。尽管身在西安的父母极为反对，柳儿的朋友也极力劝阻，然而柳儿就是铁了心，甚至和家里闹翻脸，也和朋友断了联系。到了海南之后，柳儿唯一的天就是男方。这么死心塌地跟着一个人，往往让对方觉得你并不珍贵。柳儿到海南之后就渐渐感受到了这样的“冷遇”。男方以忙工作或朋友聚会等为由，回来陪柳儿的次数越来越少。男方的圈子越扩越大，女方的圈子越来越小，柳儿慢慢感觉自己跟不上男方的脚步。身在异地的她，有一种被抛弃的失落感，她想找到一个心理的依靠，却发现连一个倾诉的人都没有，因为这些年她的世界里只有他。柳儿开始抱怨，开始小打小闹，男方认为是柳儿无理取闹，两人感情的裂痕渐渐加深。原以为以分手的名义让对方来挽留会成为他们爱情最后的救命稻草，没想到就此掉入了深渊。

分手后的柳儿才发现失去的不仅是年华，还是自己整个的青春。这么多年，她除了他，还剩下什么？为爱付出本是无可厚非，有了彼此的付出才会让感情长久，可为此而甘愿付出自己的一切是情商高的女子所不为的。她们明白越是失去自我，就越会让对方认为可有可无，最终败得一无所有。情商高的女子会选择在爱里保持自己独立的人格并留有一份属于自己的空间，让自己活得漂亮，也让对方能尊重自己，这样不仅没有失去爱情，反而会让感情走得更长远。无论什么时候转身，她们也能有重新开始的资本。不依附是感情里女人该为的姿态！

有些为与不为则是迫于无奈。人生在世难免有求于人，也会被人求。在求与被求之间，有时候对方需要你为你所要的东西做一些什么，有时候是你需要为对方做些什么。有些事可能是违心之事，可得到与失去就在为与不为之间，如果不为，你将失去你想要的东西；有些事是生命中重要的人所托，给不给情面也在一念之间，若是不做，这个人就会和你有了间隙，这就是对一个人真正的考验。敢于对违心之事说“不”，你才有了立足的骨气和底气，不然只能任人摆布。

凡事皆为，可能事事无为，而有不为，才能有所为！有所为而有所不为，是一个女子的君子之风，也是一个女子让人另眼相看的资本，是一个女子处世的智慧。

给彼此留一定的空间

“我喜欢花，难道你摘下来让我闻闻；我喜欢风，难道你让风停下来；我喜欢云，难道你就让云罩着我；我喜欢海，难道我就去跳海？”曾经看《纵横四海》时，对这句台词印象非常深刻。爱从来都不是占有，而是给彼此应有的空间。

然而在现实生活中，能做到这样真爱的人少之又少。人的占有欲让人沉迷，多数女人一旦陷入爱的旋涡里，恨不能随时随地和他厮守在一起，恨不能他的一切都属于自己，恨不能把最好的东西都给他。可这样的爱，最终都获得幸福了吗？

一个女人能爱一个男人到什么程度，我从清子的身上算是看到了。从早上醒来的第一件事，就是和男朋友打电话提醒他按时起床吃早餐。若是男朋友想赖床，清子一定会第一时间出门买好早餐送到男朋友家里。接着就会把男朋友整天的行程都问个遍，有女性朋友参与的活动，清子就会主动提出要一起去。要是男性朋友的聚会，清子也会打电话反复提醒男朋友少喝酒、早点儿回来，有时还会给男朋友的朋友发信息监督他别喝酒。如果是户外活动，她就会准备好出门需要的雨伞、防晒装备等；如果是工作方面的，她就会备好服装，列好各方面的注意事项。

男朋友喜欢吃的、玩的、用的，清子都悉数了解。男朋友有些什么朋友，是什么家庭背景，她也全知道。要是男朋友在某些事的处理上人情世故不到位，清子还会主动替他找补，替他打圆场。事无巨细，事事到位。别人都说清子的男朋友很幸福，有这么一个事事为他考虑的女朋友。清子的男朋友起初也这样觉得，所有的一切都有人为他想到了，所有的事都有人为他做。

可慢慢地，他就有了一种厌烦的情绪。想睡个懒觉也有人管，想晚点儿回家也被限制，和朋友聚个会也像被监督一样，事情稍微没处理好还要被教育……他就像是在如来佛祖手心里的孙悟空，没有了自由。他甚至觉得，清子不是女朋友，而是一个体贴入微的保姆，又或者是他妈妈派过来的“细作”。他渐渐想要摆脱这样的相处模式，找回单身时候的那种自由感。

一个想占有，一个想摆脱占有，两人之间自然就产生了矛盾。清子的男朋友提出要给彼此一定的空间冷静一段时间，可清子认为这是男方想摆脱她的理由，她不甘心多年的掏心掏肺就这样一文不值，便各种闹腾。这样的结局已可想而知。

这似乎是生活中爱情悲剧最常见的例子。女人以为全身心的付出就是最好的爱情，而男人却把这种付出当成了束缚。明明付出了所有，结局并不完美。

爱不是付出越多就越幸福，爱有时需要空白。给彼此留点儿空间，也是一种爱。两个人终究是两个不同的个体，就无法完全属于对方。既然是独立的个体，就会有自己的私密空间、生活习惯、交友圈子等，这些能彼此磨合，但不能强求融合。

让对方有和自己相处的时间，有和自己爱着的一切独处的时间，这是恋爱中一方对另一方最基本的尊重。若是要强行处于这样的空间，那是一种自私的爱，只会让对方喘不过气来，这种有压迫感的爱，谁都忍受不了。

更何况，一个人的世界里若只剩下另一个人，就会把对方的缺点无限放大。所谓距离产生美，靠得越近，有些美感就消失了，偶尔的空间会让这些美重新亮起来。而且，一个人若是把所有的关注点都放在另一个人身上，那也意味着他的生活将变得越来越狭窄，这样的爱不会让彼此变得更好。给彼此空间的爱，就是让另一半有过自己生活的权利，他们能在这个空间里丰富自己的生活，不断地提升自己。有了更丰富的世界，彼此交流起来才会有更多的话题，也会找到一些新鲜感。

给彼此一定的空间，是一种相对的自由，是一种基本的信任。试问，谁不爱自由和信任的感觉呢？那就试着这样去做，你会发现，在感情里，你不需要付出一切时间和空间，你们的感情甚至会比之前更牢固，这才是对彼此都好的爱！

识大体，明事理，进退得宜

常言道，“一个成功的男人背后，都有一位伟大的女人”。这句话流传了这么久并被人津津乐道，自然有其道理所在。它表达的是一个男人的成功和他背后的女人息息相关。这个女人也许是他的老婆，也许是女朋友，也许是“战友”，那这背后的女人究竟有什么特点呢？我认为首要的就是识大体，明事理，进退得宜。

女人多数喜欢依赖男人，爱上一个男人以后就希望他有更多的时间陪着自己。恋爱中的黏是必不可少的，可情商高的女人也懂得适当放手，给对方一个闯荡的空间，因为一个真正有志向的男人不会仅陷入恋爱的你侬我侬中，他还有自己的事业要拼，有梦想要实现。女人不应成为他实现梦想的绊脚石。

这个时候，女人如果能理解男人的选择并在背后默默支持他，就会让他庆幸选择了对的人而更加珍惜你。在他受伤的时候，给他鼓励并尽你所能提供给他帮助；在他取得成就的时候，为他喝彩并让他感觉到你以他为傲；在他需要时间和空间的时候，你选择做一个“隐形人”默默守护……让他明白有一个人永远都站在他的身后和他风雨同舟，他只需要全力去拼……男人虽然比女人的承受能力相对较强，可他在这个社会打拼并不容易，也会有累和崩溃的时候，他也偶尔需要一个停泊的港湾，要是他一边在拼着事业，你一边还要无理取闹他没有时间陪你或忘记了一些琐碎的事而死死缠住他，只会让你们的关系渐行渐远。若是你用欣赏的眼光鼓励他前行，用你的温柔缓解他疲惫的心，用你的理解给他的心灵松绑，这样的女人是男人心中最柔软的存在。

当然，女人除了有这样一颗理解和支持男人的心以外，重要的是要有理解和支持的能力。所谓“上得厅堂，下得厨房”并不是对一个女子过分的要求，这是现代女性的基本生存能力。进能陪着男人出席各种场合，言谈举止得体，给他们争面；退能在家当贤惠厨娘，把家打理得温馨有爱，让他们随时能有停靠，这样的女人谁不爱呢？这就要求一个女人要不断提升自我，时刻跟上这个时代的步伐。

再者说，一个女人提升自我本就无可厚非。她只有把时间用在自我技能的完善、自我品位的提升、自我兴趣爱好的培养上，她才会从依附于男人的魔咒中走出来，拥有自身独立的生活和人格，否则她就容易成为被时代遗忘的“黄脸婆”。女人自己的格局提升了，男人自然也不会轻视她，甚至会被这个女人的魅力深深地吸引。退一步而言，一旦这段关系出现问题，女人也有随时离开的资本。

谈到这样的女人，很自然地让人想起了百度创始人李彦宏的妻子马东敏。如今的李彦宏也算是功成名就的企业家，但每次谈到他的成功的时候，挂在他嘴边的一句话就是“百度精神里有一种勇气，而我的妻子则是这种勇气的来源”，可见马东敏这个女人在他事业和人生中所产生的影响。

马东敏和李彦宏相识的时候，李彦宏还是一个名不见经传的普通职工，而马东敏已是留学圈子里的知名人物，是美国新泽西州大学生物科学博士。可在李彦宏的攻势之下陷入爱河的马东敏，自此之后就心甘情愿成为他背后的那个女人：她理解他们的条件有限，能接受简单得不能再简单的婚礼仪式；她理解他创业之初的艰难，为他积极出谋划策并提供她能提供的资源，在他受挫的时候为他洗手做羹汤并成为他最好的倾诉对象；她理解他事业发展后的奔忙，带着孩子从国外回来定居，让其安心专注于自己的事业……你困难的时候，我助你一臂之力；你成功的时候，我默默地注视着你，与你共进退，这样的感情令人羡慕，这样的女人让人钦佩，也能理解李彦宏在事业有成之后为何一直对其念念不忘。

在成功的企业家背后，这样的女人不在少数。像阿里巴巴的创始人马云的妻子张瑛也是如此，在创业之初，陪着马云在一线奋力战斗。当马云事业有成以后，她渐渐淡出一线，在背后安心相夫教子。但只要马云有需要的时候，她依然能凭借着自身的魄力和过人的能力和他携手共渡难关。

高情商的女人明白何时该进，何时该退，退有退的风度，进有进的能力。她们不拘泥于小情小爱的你侬我侬，而有着一种彼此成全的胸怀。这样有大局观的女人，既能守住小家的幸福，也能创造出彼此的价值，她们才是真正活得漂亮！

多照顾另一半的感受

两个人能在一起是一种特别的缘分，可两个人能否长久就在于相处的智慧。有时候我们以为彼此相爱，就能在对方面前肆无忌惮，就能没有顾忌地放飞自我，就能任性地做自己，可这样的感情往往无疾而终。真正长久的感情一定是克制的，是彼此包容的，是眼里能看得见对方的，是能时时刻刻顾及对方感受的。

阿邓的另一半是她大学时候的同学，两人从刚读大学时起就在一起，毕业之后就结了婚，可谓是从校服到婚纱的浪漫爱情故事。

另一半的家庭条件比较差，一切都得靠自己拼搏。那时候，他的父母在城区开了一家包子店，生意还不错，也能养家糊口。就是父母年纪大了，这样起早贪黑地干活真有点儿吃不消。他的父母希望儿子能守住这个店面，可从世俗的眼光看，一个大学生开包子铺，这传出去似乎不是那么值得骄傲的事。

经过一番深思熟虑，男方认为这未尝不是一个积累资本的好办法，只要肯干，总归会找到出路。他原以为阿邓不会甘心和他守着一个包子铺，考虑了很久才把他的决定告诉阿邓，甚至已经做好了闹一场的准备。没想到阿邓不仅答应了，还主动提出和他一起打理包子铺的生意。那时候，他就决心一辈子要宠着这个女人。

就这样，两人接过了父母的工作，把这当成是事业的起点开始拼搏。最开始，每天三四点起床，一天十几小时的工作量让阿邓有些难以忍受，而且都是一些小本的收入，似乎很难看到希望。阿邓也心生过一些抱怨，可每次看到另一半提早一两小时起床就是为了让她多睡一会儿，把店里能做的活都抢着做了，也是为了让她多休息一会儿，如果她想去什么地方，另一半都会想尽办法腾出时间让她去，凡是她喜欢的东西都会买来送给她。见到如此种种，她又于心不忍了。尤其是有了孩子之后，另一半更像是陀螺一样转个不停，可他从不说累，也不会把这种压力转移到阿邓身上。

阿邓明白，他是真心不容易，也在全心全意为一家人创造一个好的生活条件。所以，阿邓从不拿别人的生活状况来说事，从不羡慕别人拥有什么，也不会给他施压。逢人就会夸另一半是一个有担当的男人，会细数那些他对她好的点点滴滴。生活虽然过得艰辛一些，可一家人彼此珍惜，拥有着平平淡淡的幸福。

如今，另一半在餐饮业闯出了一番天地，阿邓安安心心当起了老板娘。另一半将能想到的最好的一切都给了阿邓，可阿邓也没有把在艰苦日子里的携手作为趾高气扬的资本。即使偶尔会有争吵，她也不会把“要不是我，你怎么会有今天”“你现在倒是忘了我是怎么跟着你吃苦的了吧”“换作以前，你敢这么跟我说话吗”这样戳心窝子的话说出口。她深深明白，这样的话能让自己一时出气，但绝对是伤害对方的自尊，她依然理解他的不易，依然把他的辛苦和好记在心里。

有妻如此，夫复何求？人都是习惯性地站在自己的角度思考问题，然后站在道德的制高点去指责对方，可如果站在对方的立场，很多事就不会这样处理，很多话就不会那样说出口。你只想着日子过得拮据，可你有没有想过对方已经在拼尽全力；你只想着自己受了委屈需要被理解，可你有没有想到对方可能内心已经千疮百孔；你想的是浪漫的生活，而对方正想着怎么让孩子接受最好的教育……你总说对方不理解你，可你又理解过对方吗？爱不是一方的成全，而是彼此懂得。

前几天，有一则“男子醉酒在地铁站崩溃大哭”的新闻上了微博热搜。一名做销售的年轻男子为了签单陪客户喝酒，不爱应酬的他为了这笔单子豁了出去。结果，人喝得烂醉，单子成不成还得等消息。男子想着生活的不易，越想越觉得心酸，就坐在地铁站的地上哭了起来。接到民警电话的妻子赶来之后，并没有责怪丈夫的狼狈不堪，也顾不得丈夫身上的呕吐物，心疼地抱住了丈夫，轻声地安抚着他。丈夫一个劲儿地给妻子道歉，妻子一个劲儿地回答他“没事的”“没事的”……并表示她理解他的不易，会成为他的坚强后盾。

这一幕感动了无数网友，这也许就是普通家庭生活的真实写照吧。成年人的世界从来就没有“容易”二字，尽管男人想拼尽全力撑起一片天，可生活总是让他们跪倒在地。有些女人只看到了男人没有时间陪她们，只看到了自己的日子没有别人过得潇洒，可她们看到了这个人正在背后付出些什么吗？

日子可以穷，可有了懂得彼此的人相扶相持，就是人生最大的幸福吧！一个善解人意和相濡以沫的妻子是男人这一生多大的福分啊！

人都是渴望被理解，渴望自己的感受能有人懂。在你责怪另一半或感到自己的感受没有人懂得的时候，你也许能试着去读一读对方是怎样的感受，这样你的内心会有一种平衡感，也能拥有更多的满足感和幸福感！

明白该争的与不该争的

“亲爱的，如果你太好胜，永远都不会快乐的。”是电影《辛普森一家》中的一句经典台词。在工作场上，我们也许可以争个高低或输赢对错。可在感情生活里，若是你执意成为那个胜者，你就已经输了你的幸福。感情里，有些东西是应该争的，而有些东西不争才是最好的争，有时适时地放手和低头也是一种智慧。

邻居家的老爷爷和老奶奶已经结婚60多年了。老奶奶每天都会给两人做好饭，老爷爷几乎每天都会陪着老奶奶出来散步，偶尔会在儿女的陪同下出去旅个游。两个人的感情令周围的人羡慕不已。可在其他人的印象中，老爷爷的脾气并不是那么好。怎么在老奶奶跟前，他就跟变了个人似的？

这得从他们这些年的爱情和婚姻故事说起。老爷爷是个热心肠的人，也是个急性子，什么事不对他的口味就会当场发脾气。刚和老奶奶结婚的时候，老爷爷还是想改掉这个坏毛病的，但总是控制不住自己。老奶奶清楚老爷爷就是这么个脾气，从不在口舌上和他争一时长短，就静静等着他撒完气，然后再一脸微笑地调侃他，诸如：“我们家老太爷现在气顺了吗？”“小女子能说话了吗？”每每这个时候，老爷爷总是羞愧不已，觉得自己倒真是那个无理取闹的人了。

不过，老奶奶也有被气到够呛的时候。有时候，你看到老奶奶从家里气冲冲地走出来，就料想肯定是老爷爷又发脾气了。可气归气，她可不会跑到邻居家来吐槽老爷爷的不是，就说是随便坐坐，等会儿还要回去给老头子做饭的。

老爷爷曾说，他这辈子最大的幸运就是娶到了这么个包容他的女人。可老奶奶也说，她从没有后悔嫁给这个糟老头子。老爷爷虽然脾气差了点儿，但对老奶奶是真心实意地好。这么多年了，除了老爷爷自己，你就没看到有谁能给老奶奶气受。要是有谁敢欺负老奶奶，老爷爷是要和对方拼命的。这么多年了，老爷爷宁可自己在外面日晒雨淋，也不会让老奶奶多干一分钟的活儿。

他们虽讲不出婚姻关系里的大道理，但就是这样携手走过了一生，而且越老越离不开彼此。人家都说老爷爷的脾气差，可老奶奶觉得这老头子本性善良、勤劳肯干，并真心实意对自己好，和这些相比，那又算得了什么呢？脾气差是差了点儿，就是喜欢占个上风，也没有对自己动过粗，没违反原则，这些包容都是值得的。

不得不说，这个老奶奶是在婚姻里有大智慧的人。在爱情和婚姻里，谁能保证彼此是一个完美的另一半呢？若是紧盯着对方那些不完美的地方不放，只会徒增彼此的烦恼。刚成家的年轻人在婚姻之初常犯的错误就是争一些不必要的气，比如两个人因为一点儿事情有了不同的观点，女人最喜欢的就是非要分个对错，并让男方承认自己的错误，有时甚至是当着其他朋友的面，以此来宣示她在男方心中的地位；有时男人因为生活的压力难免有些细节没有顾及女人的感受，女人就非要男方用他的方式来证明是在乎她的，类似于"刚谈恋爱的时候，你可不是这样的""是不是得到了就觉得可以不珍惜了"等言语攻势就来了。

杨绛在写家庭故事《我们仨》一书中，曾记录了这样一件小事：她和先生钱钟书在出国的游轮上为了一个法文的读音而争吵起来。杨绛指出钱钟书的发音中带着乡音，可钱钟书不服气，就进行言语的反击。两人越说越激动，然后不受控制地说了很多伤害彼此感情的话。虽然最终他们请人客观地判断出是钱钟书的发音有问题，可杨绛并没有感觉到赢的快乐，反而觉得失去了什么。

感情里如果太在乎一件事的输赢和对错，到头来就是这样彼此不愉快的结局吧！那些过得去的就让它过去，那些能忍让的就多担待，那些能认输的就主动认输，不必在一些不违背原则的小事上纠缠。争了口舌之风，争了一时的面子，失了感情。

男人好比风筝，而女人就是那放风筝的人，你们的关系就是手中的线。女人越是拉得紧，线就越容易断；有时适当放手，风筝反而会飞得更高。你无须担心风筝会飞远了，因为线一直都在你的手中。你只需要轻轻地拉一拉，它就会离你越来越近。勇敢地放飞吧，若真要争个什么，就用你的智慧争你们一生的幸福吧！

日常充电，不断提升自己

随着时代的发展，女性的能力越来越突出，相夫教子已经不是女子生活的重心。她们一边顾着家庭，一边顾着事业，越来越拥有生活的独立性和自主性。据一组数据显示，2018 年，无论是一线城市还是二线城市，女性购房者都已经呈现出明显的增长趋势，有些城市更是超过了 50%。这些现象反映出，越来越多的女性在这个时代凸显出来，她们完全拥有自我生活的能力，甚至已经能顶住半边天了。

如果你还只是那个依靠着男人过日子的女人，如果你还是守着安逸的日子自得其乐的女人，如果你还认为女人没有必要追求优秀，你势必会被这个时代淘汰。

小熊说，前段时间陪孩子到学校参加活动。不少家长都在活动上表演了节目，像拉小提琴、唱歌、跳舞等不在话下，可她什么才艺都没有，只能坐在台下默默地当观众，她明显感觉到自家孩子失落的眼神。后来，班主任组织了一个亲子互动游戏，由几组家庭来进行知识竞赛。小熊原本也没想法，可也不忍心辜负孩子的期待，就抱着试一试的态度参加了，结果被对方秒杀了。虽然这仅是个游戏，可小熊知道孩子会当真。在孩子的心里，自家的妈妈不如别人家的妈妈厉害。

如小熊所料，在回家的路上，孩子把在学校憋的火全发出来了："为什么别人家的妈妈什么都会""你怎么什么都不知道啊""你就只会要我学习，你自己呢""除了做饭给我和爸爸吃，除了打扫家里的卫生，除了逛街买东西，你还会什么"……这一句句话像针一样扎在小熊的心里，她想说点儿什么，竟无力反驳。

是啊，这些年，她会什么，她都干了什么？从早晨起来，她就想孩子和老公早餐吃什么，几点叫孩子起床能让他多睡一会儿又不会迟到；趁孩子和老公不在家的时候再把家里好好打扫一遍，到网上学一些新食品的做法让他们尝尝鲜；孩子的兴趣班要报哪一些、找哪个老师比较合适、什么时候上下课；老公的朋友要来家里，怎么招待才能不让老公失面子……她做的事情就是一心一意为老公和孩子的生活服务，让这个家安安稳稳的、舒舒服服的，可她唯独忘了为自己做点儿什么。

她忘了自己也是独立的个体，也应有自己的生活。她的世界里除了老公和孩子，一无所有，可她已经跟不上他们的脚步，终有一天也会被他们遗忘在身后。

女人啊，永远不要把自己当成是家庭的附属品，而应是一个独立的个体。作为新时代的独立女性，应把自己当成一块“蓄电池”，永远让自己充满着能量。

“读万卷书，行万里路，阅人无数”，你才能跟上这个时代的步伐，不仅和丈夫、孩子有新的话题可以聊，也能让自己保持一个开阔的视野和宽广的心胸；多运动、多保养自己，你才会拥有年轻的状态，一站出来就展示出一种光芒般的自信；发展并坚持自己的兴趣爱好，你才不会有闲下来的工夫胡思乱想，会让自己的生活变得充实起来，而不把所有的关注点都集中在家庭上。

这个时代每天都在变化，每天都有新的事物涌现，如果你的目光就是家庭一角，你就会停留在原地；如果你有一颗“活到老、学到老”的心，你才会具备强大的竞争力，在社会立稳脚跟，也让你的丈夫和孩子以你为傲。

而更多的时候，你的自我提升是你人生意义的一种证明。

作为“央视一姐”，董卿无疑是大众心目中的女神。在一个高标准和高要求的知识分子家庭中成长，仅凭从小到大的积累，董卿就足以在职场站稳脚跟。可无论是初入职场还是事业有成的时候，她都从来没有放弃过给自己充电，一直保持着良好的阅读习惯和学习习惯。这些年，她利用闲暇时间完成了上海戏剧学院电视编导系的学业，并顺利从华东师范大学中文系古典文学硕士研究生毕业；在事业稳步上升期，她选择暂时放下话筒赴美留学深造，沉淀自己。

留学归来之后，在春晚的舞台上已经驾轻就熟的她，勇于打破现有的模式，开启了《中国诗词大会》《朗读者》这类节目的全新探索。这些节目都是高质量、有深度的，其主持人需要有深厚的人文功底。纵使董卿有很深的积累，能担负起这个重任，但我相信为了这些节目，她一定加倍做了不少功课。看似这般优雅和气定神闲的背后，是她的挑灯夜战。这是一种挑战，也是她对自我“逼迫式”的提升。

没有这般自律和从不停止的积累，就不会有如今的董卿，不会有这样的精彩。

一个不断提升自我的女人，不仅是为了证明自身在家庭里的存在感，更是一种对自己的人生负责任的态度。这样的女人优雅、从容，具有无限的魅力！

互相信赖，共同进步

这段时间，一则“大学情侣一起考研，称：只要其中一人考研失败就分手”的新闻在网上引发了热议。新闻中的主人公张峰和郭芮在大二的时候互相爱慕而走在一起，两人在大三的时候相约考研，并以考研失败就分手作为彼此考研的决心。因为彼此都深知很在意对方，为了和对方在一起会拼尽全力，即使许下这个承诺的时候心里也有些伤心，但依然相信彼此的努力会成全这段感情。

从此以后，两人的恋爱地点就变成了图书馆和教室，恋爱的方式就是看书。两人每天早上六点就会如约在图书馆或教室见面，一直到晚上十点半，这样的学习节奏坚持了将近一年。只要一方学习出现懈怠或者瓶颈的时候，另一方就会给予鼓励或者提供一些好的学习方法和建议。偶尔两人也会因压力或其他原因而吵架，但只要冷静下来想想共同的目标，就会忽略这些琐事而重新获得动力。

在这样的相互扶持和坚持之下，两人同时被海南大学同一个专业录取。因为爱你，所以我想和你一起成为更好的自己；因为爱你，所以我不想让自己的脚步跟不上你；因为爱你，我不愿意失去你。不是为了爱情牺牲学业，也不是为了学业牺牲爱情，而是在谈着恋爱的时候在学习上互相鼓励、互相进步，这样爱情和学业双丰收的神仙爱情实在是令人羡慕，这不应该是爱情最美好的样子吗？

不是爱到死去活来，或是为了你而愿意牺牲我自己才是爱情，而是在爱情里我们能彼此懂得，彼此鼓励，彼此成长，让对方成为更好的自己才最值得珍惜。在感情里，只有精神上的势均力敌才能实现真正的平等，也只有这样才能长久。

诗诗是一个比较内向的女孩，她平时的兴趣爱好就是读书、写作及书法，是一个浑身都充满着才气的女孩，而她的男朋友却是一个极为外向的人，最是静不下来，总是透出来一种浮躁气。刚开始，男孩追诗诗的时候，诗诗很犹豫，她担心两个人没有共同的话题，而且她很担心自己进入不了对方的圈子。可最终还是没有扛住这个男孩身上那股干净、阳光的气质以及满满的诚意。

两个人在一起之后，男孩会主动陪诗诗到图书馆看书，会和她一起谈一谈她喜欢的作家和作品，也会偶尔写写东西给诗诗看。诗诗明白，男孩所做的这些都是因为她喜欢。于是，她也慢慢打开自己的心扉，试着走进男方的生活。她会和他一起去打球，在一边为他鼓劲；会和他的朋友们一起爬山、唱歌，虽然她还是习惯于当一个听众；会陪着他在城市的各个角落穿梭，记录一些美好的时光。

渐渐地，诗诗的生活变得越来越丰富了，而男孩身上的那种浮躁气也慢慢退去了。两个人就这样在走进彼此的生活里改变了从前的自己，发现了一个新的世界，变成了更好的人。一段好的爱情只会让你做到更好，以不辜负对方的期待，最终也必定不会辜负自己。即使结局并不完美，但你在这段感情里成长了。

好的爱情也必定不是无休止的猜忌，今天问“你爱不爱我”，明天问“我是不是比不上你以前的女朋友”，这样患得患失的爱情只会让彼此生出裂痕并且心累。你要相信你在对方眼中是最好的自己，如果对方真正爱你，他会欣赏你最好的那一面，也一定能接受你最差的一面。你不需要迎合，也不需要彼此束缚。

感情里，只有互相信赖和共同进步才会有更好的未来。如果一方停止了成长，那就无法跟上另一方的脚步，他们的世界就不会在同一个频道上，甚至成为对方的绊脚石。不管你的另一半优秀与否，你都应保持着你那向上的姿态。

“因为你，我愿意成为一个更好的人，不想成为你的包袱，因此发奋努力，只是为了想要证明我足以与你相配。”爱极了宫崎骏动漫里的这句话，这才是积极向上的美好感情应该有的状态。是的，为了你，我们都要成为更好的人。

Chapter 6

聪明女人，用高情商征服世界

我们常说，你想要的生活，时间会给你答案。但这个答案的前提是，你得清楚你想要什么样的生活。这个答案没有好坏之分。浑浑噩噩是一种答案，精彩纷呈也是一种答案。思想不同，路自然不同；路不同了，人生自然也就不一样，让你不同凡响的思想引领你走上不平凡的人生之路。

头脑即是最佳攻防武器

曾经有过这样一个传说：在埃及有一种鸟，它们善产外形大且味道鲜美的蛋。但由于它们飞不高，只能把蛋产在树下或者比较安全的地面。这样，这些蛋成了狮子、老虎和豹子的垂涎之物。可蛋壳非常硬，往往需要它们费尽力气。狮子和老虎的武器是牙齿和爪子，豹子则是爬到树上把蛋朝下摔，但都没法使蛋壳成功破开。在反复尝试了几次之后，它们渐渐放弃了对这种蛋的欲望。

然而，后来出现的一种飞禽却成功了。它先是把蛋叼到了一个安全的地方，然后找来了一块尖锐的石头。等飞到了一定的高度，它就把这石头朝蛋砸了过去，每一次都在同样的高度砸向了同一个点，反反复复砸了多次。在蛋有了裂缝之后，它再用尖锐的嘴沿着缝把蛋啄开，自然就享受到了美味。

狮子、老虎、豹子都是凶猛之物，却连一个蛋都没办法砸开，而一只小小的飞禽却做到了。有时候，成功依赖的并不是力量和凶猛，而是聪明的头脑。

就如同女人看似柔弱，在体力方面也许比不过男人，可也不是那么好欺负的。

黎黎和闺蜜刚出来参加工作的时候，一起在公司附近租了房子。由于工作变动，两个人就搬到了其他的地方住，但这边的房子合同还没有到期，也就没有退房。后来，由于在旧租房附近有活动，两人就想到这边房子住一晚。没想到，房子换了新锁，里边也已经住了人。闺蜜一个电话打给了房东，两人在电话里就开始激烈地争吵起来。对方说，既然屋里的东西已经搬空了，就交还了房子的使用权。

稍有常识的人都知道，这完全就是一个本地人欺负外地小青年的做法。他不过就是想用空房子来占点儿小便宜，没想到两个人还会再回来。不过，即使事情已经发生了，这房东也丝毫不怕。就是两个小姑娘，能拿他怎么办呢？料想她们也不会把事情弄得很麻烦，最后还得不了了之。起初，闺蜜提出要把房子空余这段时间被占用的房租还给她们，房东就开始了不接电话、不回信息的逃避模式。

黎黎不想和房东做无谓的纠缠，也不想找房东理论。在走法律途径之前，她先拿着合同找到了新租户，然后告诉她，这个房子正在面临着纠纷，可能会给她带来一定的麻烦，建议她提前搬离。这个新租户刚折腾了一回搬家，又要新找一个房子，当然不乐意，就把怨气撒在了房东身上。这下房东没办法，只能出来解决这个问题。事情解决之后，房东发了一条短信给黎黎："小姑娘，挺厉害。"不论这话是出于何种心态，对黎黎而言，她就是为自己争取了应有的权益。

生活中，我们随时随地面临着类似的矛盾和纠纷。有人采用"泼妇骂街"的方式来维护自己的权益，有人则忍气吞声地退一步，有人靠着一把鼻涕一把泪来赚个同情，还有人善于用自己的头脑不动声色地解决问题。前几种方式也许能解决问题，可未免显得狼狈，而后者是真正在素养中守住了自己的权益和尊严，又能让对手无力反击，这才是一个人高水平的体现。的确，我们也许气势比不过人家，也许财力和权势比不过人家，可在头脑的运用上，我们尚有一拼，这是最公平的。

面对这个社会的诸多不善，我们大可不必让自己变成歇斯底里的模样，在人和人之间的相处中更是如此。在一段关系中，你越是强势，越是被动；你越是硬碰硬，事情越会变得糟糕，这些态度都是用情绪在处理问题。

情商高的女人通常都是运用头脑来保护自己，她们会对整个事情有一个整体的评估，有一个理性的判断之后，再在适当的场合说该说的、做该做的来表明自己的态度。一旦有了判断，她们会在柔和硬之间掌握合理的度，依据对方的态度来变换自己的态度，可以给对方台阶，也可以不留情面，这才是真霸气！

你的思想决定你要走的路

“如果你瞄准月亮，即使迷失也是落在星辰之间。”人生有很多条路能走，然而，你选择怎样的路决定了你会到达怎样的远方。一个人的思想决定了他的选择，而一个人的选择决定了他会走怎样的路，所以，思想的方向和高度在一定程度上决定了他人生的方向和高度。就像一棵树会长出很多的枝条，这些枝条源自同样的根，可未来究竟怎么长或长成怎样依然在于它们所吸收的养分。

读书的时候，我们都有着同样一种身份——学生。然而，毕业之后，我们的人生路却千差万别，是我们的思想在引领着我们做了不同的选择。在我们这个圈子里，楠楠混得算是比较出色的，要人脉有人脉，要实力有实力，要地位有地位，要财力有财力。印象中，读书那会儿的她就和其他人不一样。在其他人埋头应付高考这座独木桥的时候，她就已经很清楚路该怎么走了。

多数人的目标就是考高分，然后读一个好大学，她的目标是具体到某大学的某专业。就读这样一个专业不仅是为了好的前程，而是她清楚这个专业最能实现她心中所期盼的那份社会价值。从高二开始，她就已经不单单是为了一个高考成绩而努力，而是一边专注学业，一边关注和这个学校及专业所有相关的信息以及需要个人所具备的能力，然后有针对性地培养。所以，在踏入大学不久之后，楠楠就凭借在专业领域的优势成为被重点培养的对象，专业越走越精，路越走越宽。

在读书时代，很多人就是应试教育下的“傀儡”，他们只知道高考是通往大学的路，而大学是通往好工作的便利通道，而好工作是人生轻松的路，就这样被世俗和既定的轨道推着往前走，这样的人生注定平淡无奇。然而，也有那么一些人在这统一化的“模板”里有着独立的思想，要为想要的人生拼一把。所以，他们在这众人所走的路中另辟了一条路或者至少走在了众人的前头。在芸芸众生中，你想出类拔萃，首先就得有不同的思想，否则就只能淹没在人群中。

工作之后，我们也常听到有人抱怨工作又累、工资又低，没有前途，可这些人有没有想过自身的工作定位是什么，为此努力过什么？在一个工作圈子里，有些人就是把工作当成是一个混饭吃的手段，那他们的工作思路就是上班和下班的单行轨道，但凡有额外的任务对他们而言都是一种负担，有时甚至分内的工作也是敷衍，这样的人在工作中有何前途可言，也不值得有高的劳动报酬。有些人呢，也渴望着能往上爬，但就是不想耗费过多的时间和精力，他们往往选择的是走捷径，诸如和领导处理好关系来走走后门，和同事拼拼饭局拉拉人脉，就这样游走于阿谀奉承和圆滑地处理人际关系的旋涡中。如果真要拿出点儿本事就只能看着机会溜走，即使后来真爬到了一定高度，也难以服众。到头来，也毫无成就可言。

有些人从一开始就将工作定位成个人的事业，他们愿意脚踏实地地干，不溜须拍马，不偷奸耍滑，不浑浑噩噩混日子，就是扎扎实实提升个人的实力。在这些人的思想意识里，安身立命之本靠的就是本事，没有什么捷径可走。因为这样的思想，他们在奋斗中积累了实力，在奋斗中找到了充实感，最终也拥有了成就感。这样的人无论在什么平台都不会怯场，都能发光发热，也让他人心悦诚服。

不要抱怨工作待你不公，也不要把你那不愿意努力的状态归结于看不到希望。公平和希望从来都是自身争取而来的，它就藏在你对待工作的态度中，是你的思想意识和水平决定了你在工作中的出路，也决定了你事业的发展程度，而不是工作本身。也许有些工作确实没有好的出路，但有思想高度的人即使身在普通的平台之中，也能走出他个人的特色，他懂得怎样坚守，当然，也明白应该何时后退。

我们常说，你想要的生活，时间会给你答案。但这个答案的前提是，你得清楚你想要什么样的生活。这个答案没有好坏之分，关键是要看你拥有想要什么生活的思想水平。浑浑噩噩是一种答案，精彩纷呈也是一种答案。思想不同，路自然不同；路不同了，人生自然也就不一样，让你不同凡响的思想会引领你走上不平凡的人生之路。

格局要大，眼界要宽

每个人都有一双眼和一颗心，可这双眼的视角和所能看到的宽度各有不同，这颗心所能接纳和包容的范围也有所区别，这就是一个人的眼界和格局。眼界宽和格局大的人，他的生活从来不受限，所看到的和所经历的也比他人更丰富。格局和眼界并非与生俱来，它们往往在生活所做的选择中呈现出来。

华姐原来是一个公司的领导。这个公司规模不大，华姐在这里已经工作了很多年，一切早已驾轻就熟，靠着朝九晚五的工作节奏，就能维持基本的运营。因为在公司具有老资历，所以她颇受同事们的尊敬。这样的日子虽然没有太多的惊喜，但却胜在舒服安逸。

后来，华姐的朋友调到了一家大单位任要职，便向华姐抛出了橄榄枝，希望她能在关键的时刻来帮扶一把。习惯了这样工作节奏的华姐有些犹疑，到新的单位需要面临着什么，华姐最为清楚。有人劝她留下来，现在的工作舒舒服服，何必折腾这么一遭。可没想到，华姐决定给自己一个挑战，最终还是接受了邀约。

到了新单位之后，一切如华姐预想的那样，除了忙就是忙。原来在单位喝茶、闲谈的时间都用在争分夺秒的工作中，还需要花时间和精力处理复杂的人际关系。但是，华姐感觉自己的生活有了一种全新的活力。她接触了很多以前接触不到的人，参与了一些以前体验不到的活动，去了一些从前没机会去的地方，日子没那么舒服，但是很充实，而她那些老同事依然在从前的轨道过着按部就班的生活。“养老般”的工作模式局限了她的世界，如今的工作才让她经历了另一种人生。

华姐庆幸当时的选择，庆幸自己敢于走出舒适圈，给自己一个新的挑战。人生若只是安于现状，就只能在方寸之地看世界，无异于井底之蛙；当踏出新的一步，你人生的这张白纸就顺势延展，能让你画上不同的色彩。你人生的精彩程度，常常就在于你用怎样的格局和眼界为自己做了怎样选择。

林徽因和陆小曼同是民国时期的美女和才女，令无数人为之倾倒，然而最终命运截然不同，这跟她们的格局和眼界密不可分。林徽因虽爱过徐志摩，却能在这段不被祝福和没有未来的感情中及时抽身，选择了和她性情、人生目标更为契合的梁思成。因为在林徽因的世界里，爱情不是人生的全部。所以，她才能在建筑事业中成就人生的辉煌，最终事业和家庭皆如意。可陆小曼恰恰将自我的感受作为全部的生活，先是选择了与能给她带来物质生活的王赓结婚，而后在浪漫的激情下爱上了诗人徐志摩，最终在现实的无奈下依靠一个她曾看不上的男人过日子。

在为两人不同的结局感到唏嘘的时候，我们是否反观过，这其实也是很多人的人生呢？多数人只顾眼前的快乐而从不去想对自己负责任的人生是怎样的，享受当下就是生活的全部。当有所失去的时候，就以为失去了全世界而没有再站起来的勇气。于是，她们渐渐把那些与生俱来的优势挥霍，让生活越来越窘迫。那些心中有梦的人却在失去星星的时候，依然能看到还有月亮在闪着光。所以，她们从不放弃对自己的要求及对未来的追求，保持着和这个世界抗衡的能力。无论生活怎么对待她们，她们都能寻找到新的出路，把人生握在自己的手中。

正如心有多大，舞台就有多大，很多人的人生起点和其他人并没有多大的差距，可她们的格局和眼界却让她们和同一起点的人渐行渐远。

“想象你是一个杯子，你能装多少水，了不起就这么一小杯，对吗？你拿一加仑的容器，就装载一加仑的水。决定你接收多寡的，即是你容器的大小，至于接收的内容是什么并无差别。”拥有了容纳一切的格局，你才能从中提炼你想要的。如果你的心只能接纳快乐，你就不会明白痛苦是什么滋味；如果你的心只能享受胜利，你就不会领悟失败之后会收获什么；如果你的心只能承受轻松，你就不会懂得承担的背后意味着什么……接纳、包容、看到更远的世界，你会豁然开朗，你会享受人生给你的百味，你才能看到他人看不到的风景。

快乐源于自己的心灵

曾经有一个国王在年轻的时候的拼尽了全力来治理自己的国家，可到年老的时候，他发现自己一直以来承担着整个王国的烦恼，却从没真正拥有过快乐生活，总是陷入一种郁郁寡欢的状态。于是，他急切地希望有一个快乐的人能为他排解内心的苦闷。大臣们纷纷到各地寻找这样的人。他们走过了这个国家的许多地方，发现不同的人都有着不同的烦恼，唯独少了真正快乐的人。

有一天，大臣们在经过一个贫困村落的时候，忽然听到有快乐的歌声传过来，他们循声而去，原来是一个农夫在一边耕地一边唱着歌。

“你快乐吗？”

“我每天都过得很快乐啊！”

大臣们终于等到了这个回答，立即把这个人带到了国王的面前。农夫告诉他们，他也曾是因为贫穷而感觉不到快乐的人，可自从在街上看到了没有脚的人之后，他就发现自己的生活中少了很多的悲伤，因为他懂得了自身拥有什么。

在现实生活中，真正快乐的人确实很少。我们总在为不同的琐事而烦恼，总是能看到他人拥有的而忽略自身有着什么，总是轻易被治愈又轻易陷入悲伤……

当辛辛苦苦做出来的工作被领导批得一无是处并要求重做的时候，我们的挫败感便席卷而来；当结束了一天繁忙的工作之后，回到家中依然孤零零的一个人时，我们就有一种被全世界抛弃的孤独感；当曾经相爱的人就要走入他人的世界，你的内心像是空了一块……是的，生活就是一个烦恼的旋涡，让我们深陷其中无力抽身，这些或那些都是我们不快乐的理由，因为它们打破了我们内心的期待。

可是，如果你拥有了农夫这样的心态，你还会这样不快乐吗？当你停下来看看你这些不快乐的时候，你发现你身边还有人为着基本的生存在奔忙，还有人因为失去至亲而心痛，还有人为着一个健康的身体而挣扎……工作被批评了，你还有从头再做的机会，你能在批评中获得成长，你至少还有一份工作；一个人的孤单还能让你拥有一个完整的自己，你可以做任何你想做的事，这何尝不是一种自由；曾经的爱人娶了别人，可你还有继续追求爱的权利。

任何一个事情，当你换一个角度去思考，当你换一种心态去衡量，所有的一切都会变得不一样，因为快乐从来都不是拥有得多，而是计较得少。

朋友在山区支教的时候，因冰冻天气引发了连续性的停电和封路，她被困在山区两天一夜。一旁的室友早就哭天喊地了，可朋友的心态却很好。既然不能和外界通信，那索性就安安静静地做自己。这两天一夜她睡了一个安稳觉，读完了一直想读的三本书。她发现没有手机的时候，她反而过得更充实。

同样是这个朋友，据说是教到了全校最差的一个班级，班上的学生不仅成绩差，还爱逃课，更喜欢和老师对着干。可她却认为，这样的班级如果能够教好，那才真正实现了她的个人价值和来到这里的意义。于是，她干得比谁都起劲。在其他老师都唉声叹气的时候，她却在为某个孩子的点滴进步而欣慰不已。这个班级在她的带领之下，慢慢地改变着。

事情还是那个事情，当你抱着不同的心态看待一件事情的时候，就已经决定了你是快乐的还是烦恼的。事情既然已经发生了，那你再去抱怨或是苦恼，也于事无补，只会徒增烦恼，因此不如快乐地接受它，这样一来，说不定事情反而会往好的态势发展下去。

阿 Q 精神是鲁迅笔下的一种精神胜利法，这个名为阿 Q 的人无论遇到什么事情都能自我满足、自我安慰，甚至是自我麻醉和自我欺骗。阿Q精神虽然有不合理性，但有的时候，拥有一点儿这种精神也未尝不可，它至少能帮助我们做自我调节，在绝望的处境中为自身寻找到希望，在失落中找到积极向上的动力。

“你无法改变天气，却可以改变心情，你无法控制别人，却可以掌握自己。”你快乐与否的决定权就在你的手中，谁都无权剥夺。既然没有人能预料明天和意外哪个先来，在这有限的生命时光里，何不尽情地让自己快乐起来呢？把握你的内心，让那些不快乐成为你人生的点缀，让那些快乐开满你人生的路途。

宠辱不惊，用平常心看待一切

“宠辱不惊，闲看庭前花开花落；去留无意，漫随天外云卷云舒。”是世人都羡慕的状态，然而真正能活出这般姿态的女人却极少。这样的女人必定是从容的，是身在世俗之中而心在世俗之外的，必定能怀着一颗平常心看待一切。

拥有平常心的女人会平衡好自身的得失心。女人有进取心本是件好事，但若是过于看重得失则会适得其反。这类人往往将自身捆绑在不同的琐事之中，陷入无休止的苦恼而无法抽离。一旦事情的发展没有达到预期的效果，就容易痛苦。

阿霞在农村长大，从小到大就是家里的骄傲。但凡取得了成绩，阿霞都会迫不及待地分享出来，以期待他人的肯定，也让家里人高兴。成为一个优秀的人就是她人生的座右铭，让父母觉得骄傲是她最大的动力。正是这样，阿霞对自身非常严苛，从不允许自己犯错。无论什么事，即使是别人的事，只要交到她的手里，她就会用尽全力做到完美，经常会熬到晚上两三点，她一直靠这个信念挺着。

在同事的眼里，阿霞是万能的，是最可靠的，是最优秀的，阿霞喜欢这样的标签，但这样的阿霞也会掉链子。某次代表公司出战的阿霞在一众新人中竟然落败了，并不是她所准备的内容不精彩，而是她没有精彩地呈现出来。为了这场比赛，她在前天晚上准备到差不多凌晨，原本以为就撑几个小时没问题，可已经连轴转了几天的身体却不受自己的控制，她努力地想打起精神，可连说话也中气不足。

从来出战都是载誉而归的阿霞感觉受到了人生的重创，即使没有一个人责备她，可这事在她心中形成了非常大的阴影。在同事面前，她总有些心虚，觉得辜负了他们的信任，承受不起他们给的标签，对同事越来越冷淡，做事情也没了热情，忽然变成了另一个人，而其他人根本无法理解她心底的想法。

第二年，同事冰冰参与同一主题的比赛，结果也落败而归。当天晚上，冰冰像没事人一样请大伙吃饭，并乐呵呵地发了朋友圈：“过程即是成长，再接再厉！”

阿霞想不明白冰冰怎么能对结果这么毫不在意，其实不过是一个过于看重结果，而另一个抱着平常心参与。看重结果的人在乎的是他人的看法，拥有平常心的人注重的是自身的成长，两种不同的想法让两个人有不同的心情和状态。相较而言，冰冰明显潇洒得多，与这样的人相处起来也没有思想包袱。

胜败也好，他人的看法也罢，不过都是一时得失，过于在意只会庸人自扰。

师父输给弟子，有时不是实力不济，而是碍于师父的面子过于想赢；

爱情里被分手而反复纠缠，有时不是因为不舍，而是心有不甘；

发了一条朋友圈久久没人点赞，就忍不住删掉，是一种不被在意的失落；

……

生活中点滴的事情总能打破我们内心的平静，乱了我们的节奏。你会因为失去而痛苦，因为失败而落寞，因为不被在意而失望，哪怕是他人一个眼神也会让你多想。

然而，到了一定年龄你会发现，那些你曾经那么在意的事情不过是过眼云烟，不过是平添了生活中的烦恼，那些淡如水的女人才是真正的生活者。她们不争不抢，不急不躁，不计较这世间的浮华，不在乎多轰轰烈烈，只求安宁。于是她们有更多的时间专注于喜欢的事，关注那些在乎的人，活出真我的人生。

“人生有两种悲剧，一种是欲望不能得到满足，另一种是欲望得到满足。”得与不得都是波澜。繁华如梦，平平淡淡才是真。拥有一颗平常心，就是追求一种最真实的生活态度，切切实实品味出人生的真谛，到达一种可感知的幸福状态。

自爱，而后爱人

在我们的教育体系中，爱他人总是被摆在爱自己之前，似乎只有这样才能显示出人性的美好品质。若是两者的顺序调换，就成了自私。可是，在这个世界上没有比爱自己更重要的事情了，因为当你学会了自爱，你才能懂得如何爱他人，也才有爱他人的能力。若是连自己都过得一塌糊涂，又有什么能力可以让他人幸福呢？

自爱的方式有多种，即便受伤过多次，我依然要活出自己的姿态就是一种。

玲儿年轻的时候爱上一个男人，虽然她的家人因对方身体有一定的残疾而极力反对，最终两人还是在一起了。婚后的两人日子也算幸福，直到孩子出生以后……玲儿怀的是一对儿双胞胎，其中一个在腹中就已经缺氧而死，另一个出生之后靠仪器维持生命。玲儿的老公接受不了这个事实，靠赌博来宣泄个人情绪，后来就成瘾了，既不管需要治疗的儿子，也完全不顾玲儿的感受，甚至把家里的积蓄一败而光。玲儿做不到这样，她不想毁了自己，也不想让孩子失去生的希望。

终于，她勇敢地走上了离婚这条路，房子、车子都可以不要，只要孩子和自由。一个离婚的女人带着一个有先天缺陷的孩子，这样的生活本需要世人的怜悯。可玲儿不需要，她相信自己有自食其力的能力。在老家的小镇上，她开了一家幼儿园，把孩子带在身边，将所有的精力都投入进来。起步的时候，玲儿几近崩溃，因为遇到的难题一个接一个，可她明白只有挺过去，她的人生才会有转机。随着幼儿园的口碑越来越好，幼儿园逐渐壮大起来，玲儿的日子也慢慢好了起来。

那段时间就算过得再怎么落魄，玲儿也把自己打扮得很得体，妆容、耳环、裙子、高跟鞋，无不展现出都市女性的干练感。她不是祥林嫂，逢人就说那些悲苦的经历，而是笑着给每个和她相处的人带来生活的正能量。也许正是因为她这样自爱，没有人对她投去同情的目光，身边的人反而对她流露出一种由衷的敬佩之情。

现在的她守着一家口碑不错的幼儿园，也有时间来全心照顾自己的孩子。你在她的身上看不到一点儿被生活折磨的沧桑感，总是那样精气神十足。

纵使生活虐我千百遍，我对生活依然如初恋。生活越是让我难堪，我越是要光芒万丈，绝不会迷失在它给我的困境中。一个懂得爱生活的人是自爱的，一个不被生活的磨难所击垮的人是自爱的。唯有你不消沉，你才能为家人遮风挡雨。

生活中，男朋友常对女朋友说："相信我，我会给你一个美好的将来。"然而，他却抽烟、喝酒、打牌、贪玩、懒散样样占全，这样的人谈什么美好？

孩子常信誓旦旦地对父母说："我一定会好好孝顺你们。"却整天地刷手机、熬夜、不按时吃饭，结果先把自己的身体整垮了，还让父母照顾他们。

这样的人不仅不自爱，也根本不爱他人，也有一些人确是爱他人胜过爱自己的。就像小天刚毕业那会儿，虽然工资不高，可有一分就节约一分给父母。她从来都舍不得在自己身上多花一分钱，衣服能穿多久就穿多久，能在家里做饭就绝不会和朋友在外面吃饭，电影或看演出这些和她毫无关系，更别提报什么提升个人的兴趣班……在她看来，把钱节约下来给父母就是最好的孝顺。几年下来，小天确实是存了一部分钱，可她个人的品位和眼界基本就是刚毕业的样子，人脉没有打开，在工作上的成绩也很平平，而男朋友也是很普通的人。她的人生轨道基本就这样定了，靠着这点固定的工资上着稳定的班，过着日复一日的日子。

晨晨和小天差不多的年纪，她走的路却不一样。刚毕业的几年，她把所有的钱都投资在自己身上，不仅把自己打扮得出众，健身班、书法班、演讲班等各类培训班都利用周末的时间去学，也会和不同的朋友到不同的地方旅游。几年下来，晨晨没留什么钱，也没给父母什么钱，可她也已经不是原来的那个她了。随着阅历的增加，她的职务在不停地晋升，工资和各种待遇随之也不一样。因为她变得越来越优秀，在爱情里的选择范围也越来越大。后来的她，经常带着父母外出旅行，完全有能力给父母提供他们想要的生活，而不必束手束脚。

小天和晨晨都有爱他人的心，最终的效果却有很多的差异，是因为晨晨明白，在爱人之前要学会先投资自己，只有自己足够强大才能为他人的幸福增值。

自爱就是一个不停地追求更好的自己的过程，幸福的女人一定是先成全一个更好的自己，再用余力来爱他人。“杯子里要先盛满对自己的爱，溢出去的部分再去爱别人。”只有心中幸福满满，溢出来的爱才能让人感受到温度。

是金子，就一定会发光

每个人都想向这个世界证明自己存在的价值，而急不可待地寻求展示自己的机会，却唯独忘了静下心来沉淀自己。有些人在长时间的积累之后没有得到应有的关注，就丧失了对自我的信心，我们的人生有时不快乐就在于不会等待。如果你真是金子，无论身处何地，总会有你的一席之地，不过是时间早晚而已。

朋友在丽江旅游的时候，很激动地给发来了一张小爱的照片，“这不是那个以前在琴行练琴的女孩吗？她在这家清吧人气好高啊！”照片中的小爱穿着白色的T恤和牛仔裤，配上一双帆布鞋，背着一把吉他，十足的文艺范。一束光打在她的身上，她成为全场的焦点，仿佛整个世界都在听她唱歌。

小爱以前是音乐系的学生，读大学的时候就会经常写写词、编编曲给我们这些圈子里的人听。那时候，她对文学有一种特别的情愫，认为作品里有这些东西才是真正的音乐表达，所以把很多的时间都用在文学素养的提升上。小爱天生是一个敏感的人，对生活的敏感度让她也喜欢用文字来表达自己。很多人都笑称，她是爱文学多于爱音乐的学生。可她不管这些，就是沉浸在这个音乐兼文学的世界。

毕业之后，可能是大学阶段没有关注这个市场或身上的商业性不浓，也可能是个子不高的外形等方面的优势不明显，她的梦想实现之路并不顺畅，屡屡被拒。后来，她干脆选择了在一个琴行教小朋友弹吉他，还一边写歌。偶尔的机会，她的作品被一个小朋友的家长发到了朋友圈，受到了一家清吧老板的关注，也就有了照片中小爱的状态。小爱到这家清吧的时候，几首作品下来就成了这里的台柱子。如今的她，和一群爱音乐的朋友在一起，有作品，也有听众，她觉得很满足。而且，她相信这样积累下去，以后的日子里她会拥有更广阔的平台。

多少人急于走上功名之路，忘了打牢坚实的底子，等到机会来的时候却因实力不到，只能看着机会溜走。那些真正有实力的人往往善于等待，他们在时光里不急不慢地修炼，不惧怕没有发光的机会，而怕自己不够闪亮。当具备足够的才华和良好的心态，一旦机会找上他们，就是他们厚积薄发的最好姿态。

张爱玲说“出名要趁早”，在我看来，人生成功的早和晚并不是那么重要，重要的是你属于那个有资格成功的人。若没有点儿真本事，即使过早出名了也如流星般陨落，若真是一块金子，发光得慢一点儿也不会影响它是金子的本质。

李健在水木年华的光环消失之后沉寂了十多年。这十多年的时间里，他潜心沉淀，等再次出现时，一跃成为人们眼中的“音乐诗人”，获得一众的好评，这块金子终于在将近 40 岁的年纪发出了属于他的光芒。在央视的《开讲啦》中，他提到一个观点——时间会为你证明。“有多少所谓的闪光，就有多少那些灰暗的时刻，任何时候都应看清自己。”功到自然成，时间能证明你的光芒。

当然，是金子就一定会发光的前提是其确实是一块金子，它并不适应于所有的人。如果一个人日子过得浑浑噩噩，毫无追求，却对自己说“总会发光的”，这无异于那个对着魔镜说“我是世界上最漂亮的女人”的皇后，不过是安慰自己和不甘心在他人之下的一个借口。若是你真正有实力、对生活有追求，即使在当下没有找到属于你的平台，但终有一天你的光芒也会被人发现。当你的光芒足够耀眼的时候，就算你不主动寻找机会，机会也会主动找上你。

对真正有价值的金子而言，它们发光不仅证明了自己存在的价值，同时也会照亮别人的梦。因为它们在发着光的同时，也能让这光芒影响身边的人。比如，你是一个极其自律的人，和你生活在一起的人就会不自觉地受你的影响；你是一个很优秀的人，在你身边的人就会从你的身上学到一些优点；你是一个热爱生活的人，陪着你的人也会感受到生活的可爱，你的光有时就是他人的能量。

每个人来到这世间，都有其存在的理由。有些人来过或走过都不曾留下痕迹，有些人除了自身闪闪发光之外，还成为别人的光。不要埋怨命运的不公，也不要在虚度光阴中空想着幸运的降临，越努力才会越幸运。努力地让自己成为一块金子吧，即使光芒会被短暂地掩盖，但终有一天会冲破重重阴霾照耀你的人生之路。

活出女人的精彩人生

女人是这世间一道独特的风景，女人的美不在于你长得有多好，而在于你活得有多精彩。活得精彩的女人，才不负这人间。

璐璐是外地来城市工作的女孩子，人年轻又漂亮。某天公司有应酬，璐璐被邀请去陪客户，一推再推之下她答应过去谈一谈工作，绝不喝酒。没想到，到了那里之后，领导却有意无意地暗示璐璐向客户敬酒，刚开始时璐璐还委婉地加以拒绝。但是当领导把倒满酒的杯子放到璐璐面前的时候，璐璐起身以身体不舒服为由直接离开了。

这事扫了领导的面子，璐璐自然也不好过。领导在工作上处处刁难她，并给了她一个选择：以后和客户应酬的事，她如果愿意陪同就尽快给她升职加薪；要是不愿意，那她在这个公司就不太好混。听了这话，璐璐那股子倔劲儿一下就上来了，大不了辞职走人，还能受你的牵制不成？没有任何犹疑，她直接甩了拒绝的脸色。自此之后，璐璐在工作上比任何人都拼，她就想让众人看到她的实力，让这个领导瞧瞧，不靠捷径，她照样能把工作干好，得到客户的认可。璐璐的态度倒是彻底灭了领导找她走歪路子的想法。

这个姑娘真幸运，她要感谢那个有骨气的、倔强的自己，让她在年轻的时候走了一条把命运掌握在自己手上的路。无须看别人的脸色，无须没有限度地迎合他人，无须谨小慎微，而是堂堂正正地走她要走的路，这样的女人才真正活得精彩！

发小和前男友是高中同学，两个人考上大学之后才正式在一起。发小是普通的本科生，毕业之后就在小公司当了一名小职员，而男朋友是985毕业的研究生，一毕业就到了国企工作。读书期间谈个恋爱倒没显示出“身份”上的差别，一到谈婚论嫁的年龄，这些现实的条件全都显现出来了。

发小到男朋友的家里做客，他的父母也没有给她好脸色，一会儿说她的工作没什么前途，一会儿又说两家的经济水平还是有差距。看在多年感情的分儿上，发小把这些都忍下了。最让她接受不了的是，男方的父母居然安排男孩和另外一个女孩相亲。男孩百般解释就是出于对父母的尊敬露个脸，可发小没法接受这样的行为，两个人决定冷静一段时间。女孩原本还对这段感情抱有希望，过了一段时间之后，发小听到的消息是男孩要和那个相亲的女孩结婚了，她还听说那个女孩是国企某领导的女儿。这下，女孩终于明白了，不是感情出了错，而是前途更重要。

男孩以为发小会到婚礼上大闹一场，或者至少会让他很难堪。可发小除了向男孩确认消息的真实性之外，就再也没有主动找过男孩。之后，男孩总是以不同的途径来关心发小。发小清楚，只要她卑微到尘埃里，还能在这段感情里赌一把。可她不愿意选择这样一场趋利的爱，大哭一场之后，一切对她来说就是从头再来。

爱情就是女人的死穴，多少女人在爱情里失了仪态，失了尊严，失了自我。能看透爱情的女人，注定能拥有属于自己的人生。在这场爱情里落败的发小，爱的时候爱得浪漫，离开的时候转身得潇洒利落，自此之后，她把时间和精力都用来投资自己，过自己想过的生活，成为想成为的人，而不是那个迁就着高学历、经济条件好的男朋友而处处谨慎得有些自卑的女孩，她只想做自己的女王！

作为女性，不依附，不附势，清楚自己想要什么，坚定地拒绝自己不想做的事或不想屈就的生活，努力地提升自我，把命运紧紧握在自己的手里，才能不因外在的人或物让自身处于被动的状态。只有这样，才能活出特立独行的精彩模样。

“愿你有高跟鞋也有跑鞋，喝茶也喝酒。愿你有勇敢的朋友，有厉害的对手。愿你对过往的一切情深义重，但从不回头。愿你特别美丽，特别平静，特别凶狠，也特别温柔。”对或错，苦与乐，那些世俗的眼光，那些阻挡我们前行脚步的是是非非，都让它成为精彩人生的垫脚石。听从你内心的声音，勇敢地爱你所爱，行你所行，更不要让人生被年龄阻隔，活得漂亮就是对自身最好的尊重！

你只须记住：当你老了，你能无愧于心地说一声：我活出了精彩的一生！